工业和信息化普通高等教育"十三五"规划教材立项项目

21世纪高等学校计算机规划教材

21st Century University Planned Textbooks of Computer Science

C语言程序设计
实验指导（第2版）

The Practice of C Programming Language
(2nd Edition)

王富强 孔锐睿 主编

张春玲 刘明华 李朝玲 孙劲飞 副主编

U0382535

高校系列

人民邮电出版社

北京

图书在版编目（CIP）数据

C语言程序设计实验指导 / 王富强，孔锐睿主编. --
2版. -- 北京 : 人民邮电出版社，2016.8（2022.8重印）
21世纪高等学校计算机规划教材
ISBN 978-7-115-42822-6

Ⅰ. ①C… Ⅱ. ①王… ②孔… Ⅲ. ①C语言－程序设
计－高等学校－教材 Ⅳ. ①TP312

中国版本图书馆CIP数据核字(2016)第169138号

内 容 提 要

本书是《C语言程序设计（第2版）》的配套实验指导书，总共13章，包含C语言简介、程序设计与算法、顺序结构程序设计及选择结构程序设计等实验章节。每章都包含实验知识、实验要求、实验内容和实验总结等内容。本书各章实验内容由浅入深，以浅显易懂、实用的形式结合实例详细讲解知识要点，帮助读者强化基础知识、运用程序设计基本思想设计程序，达到举一反三的目的。

本书附有《C语言程序设计（第2版）》的习题参考答案，所有习题的参考答案在 Visual C++ 6.0 环境下都能运行，多数程序通过了在 Microsoft Visual Studio 2010 环境下的编译。

全书内容紧扣《C语言程序设计（第2版）》的知识点，案例丰富，实用性强，可作为普通高等院校和高职高专院校程序设计语言类配套实验教材，也可作为各类培训班和读者自学的教材。

本书在改版中保留了第1版的优点，并对部分实例做了修订，使之更严谨、更贴近生活，并增加"第13章 综合实例"，使各知识点融会贯通，设计的项目程序便于读者掌握和综合应用。

◆ 主　　编　王富强　孔锐睿

副 主 编　张春玲　刘明华　李朝玲　孙劲飞

责任编辑　吴　婷

责任印制　彭志环

◆ 人民邮电出版社出版发行　　北京市丰台区成寿寺路 11 号

邮编　100164　　电子邮件　315@ptpress.com.cn

网址　https://www.ptpress.com.cn

涿州市京南印刷厂印刷

◆ 开本：787×1092　1/16

印张：11.25　　　　　　　2016 年 8 月第 2 版

字数：292 千字　　　　　　2022 年 8 月河北第 13 次印刷

定价：29.80 元

读者服务热线：(010)81055256　印装质量热线：(010)81055316
反盗版热线：(010)81055315

前　言

　　本书是《C 语言程序设计（第 2 版）》的配套实验指导书，总共 13 章，每章都包含实验知识、实验要求、实验内容和实验总结等。

　　本书按照教育部高等学校计算机基础课程教学指导委员会提出的"大学计算机教学基本要求"综合第一版修订编写而成。在结构设计、内容选择以及编写过程中充分考虑了学生需求，并结合全国计算机等级考试（二级、三级）C 语言考试大纲相关要求，力求内容新颖化、实用化，知识体系贯穿校内教育和校外需求。本书可作为普通高等院校和高职高专院校程序设计语言类配套实验教材，也可作为各类培训班和读者自学的教材。

　　本书具有以下特色。

　　1. 编者具有丰富的教学与指导经验

　　本书所有编者都具有丰富的一线教学经验，有些编者参加过企业的社会实践，有些编者参加过专门的 C 语言培训，更有个别编者指导学生参加过 C 语言大赛，所以本书编撰思路以企业、社会需求为导向，紧跟当前 C 语言程序设计的发展和应用水平，注重实际开发能力的训练，全面培养学生的程序设计能力和应用能力。

　　2. 实例丰富、代表性强

　　编者对本书实例的选取以解决实际问题为导向，选择学习或生活中经常碰到的问题作为实例解决点。分段函数、迭代法求解、线性代数的矩阵运算、商场的打折促销、学生成绩的数据处理以及文件的存储操作等入选为本书实例。

　　3. 分析透彻，可移植性高

　　编者安排的每一个实例几乎都有解题思路分析和延伸指导，对初学者和自学者的思维开拓具有很好的启发和带动作用。本书所有案例，不但适应前期的编译环境，如 Microsoft Visual C++ 6.0 环境，还可以在新的编译环境如 Microsoft Visual Studio 2012 下运行。

　　本书作为第 1 版的修订版，对第 1 版内容和章节做了以下调整。

　　（1）调整了部分章节目录。对个别章节目录进行了调整、合并，这样使内容更紧凑，衔接更自然，知识体系更连贯；尤其是增加了一章"综合实例"，把 C 语言程序设计的知识点融会贯通，设计开发了小的项目程序，便于读者综合掌握运用。

　　（2）本版对部分实例做了调整。对部分实例进行了顺序调整、删减，不同章节两次以上出现的实例进行了简化并增加了一些典型实例如"百钱买百鸡"等，使实例来源于生活，贴近生活。

　　（3）修订了描述不严谨的内容。第 1 版个别章节的内容描述不严谨，第 2 版修订中综合了"大家"的意见，并做了详细测试，尽量使之严谨、清晰。对章节后的习题也做了部分调整，丰富了题型，符合无纸化电子考试要求。

本书由王富强、孔锐睿担任主编，负责书稿的设计、修改和统稿。全书由 6 位教师共同编写而成，其中第 1 章由孔锐睿和王富强编写，第 3 章、第 6 章和第 7 章由王富强编写，第 2 章、第 11 章由李朝玲编写，第 4 章和第 12 章由刘明华编写，第 8 和第 9 章由孙劲飞编写，第 10 章由张春玲编写，第 5 章由王富强、李朝玲和孙劲飞共同编写，第 13 章由张春玲和王富强编写，附录等由孔锐睿编写。

在本书编写过程中，得到了青岛科技大学相关职能部门、信息科学技术学院以及所在教研室所有教师的支持与帮助，在此表示感谢！由于时间仓促和编者的水平有限，书中难免出现错误和不妥之处，恳请各位读者指正，以便再版时能及时修正！

编　者

2016 年 6 月 2 号

目　录

第1章
C 语言简介

1.1　实验知识

1．C 语言简介

C 语言是目前世界上使用最广泛的高级程序设计语言之一，具有可移植性好、语法简洁、运算符丰富、数据结构灵活、程序执行效率高等特点，适合在各种机型上运行。

2．C 语言编译环境

C 语言作为高级语言，其常用的编译软件有 Microsoft Visual Studio 2010、Microsoft Visual C++、Borland C++、Microsoft C、Turbo C 等。当前，国家计算机等级考试采用 Microsoft Visual C++ 6.0 编译环境。随着 CPU 向 64 位发展，Microsoft Visual Studio 2010 以及更高版本开始得以应用。

3．C 语言的基本结构

C 语言程序由一个或多个源程序文件组成，一个 C 语言源程序主要包含以下几个部分。

（1）编译预处理：由#开头，包括如#define PRICE 30 等宏定义，#include "stdio.h"等文件包含，以及#if、#else 等条件编译等。

（2）C 语言程序是由函数组成的，其中有且只有一个 main 主函数。C 语言程序从 main 函数开始到 main 函数结束，其他的函数都在 main 函数的执行过程中被调用。

①变量说明：C 语言程序中的变量分为全局变量和局部变量两部分，其中局部变量的位置在"{"之后，不能与 C 语言程序语句混淆。所有变量都需要先声明再赋值后使用。

②C 语句：C 语言程序所有的语句都以分号（;）作为结束符，习惯使用小写字母。

③自定义函数：自定义函数不同于系统提供的库函数，需要用户自己编写，自行调用。自定义函数在整个 C 语言程序设计中并不是必需的，但为了省略更多的程序代码和连续重复调用，使用自定义函数可以更方便、实用。

（3）C 语言程序可以包含注释，常用//标识。注释在程序的执行中不起任何作用，也不会产生任何代码，但可以给读者一个很好的提示，增加程序的可读性。

4．C 语言程序调试

C 语言源程序不是可执行程序，不能直接运行，需要在编译环境下经过编译、链接生成可执行程序，运行可执行程序后才能看到结果。

1.2　实验要求

本章实验要求如下。

（1）了解 C 语言程序的特点与基本结构。

（2）着重掌握使用 C 语言在编译环境下编写和调试程序的流程：编辑—保存—编译—构建（组件）—执行。

（3）了解能够编译 C 语言程序的不同编译软件，并在不同编译环境下的编写与调试流程。

（4）打开 C 语言运行的安装文件夹，了解文件夹相关的文件，为后续库函数的调用打下基础。

（5）掌握 C 语言程序在 Visual C++ 6.0 环境下的调试过程。

1.3　实验内容

1.3.1　熟悉 Visual C++ 6.0 编译环境

把以下源程序输入 Visual C++ 6.0 编译环境。

```
// example1.1  The  first  C  Program
#include "stdio.h"
void main()
{
        printf("Hello,World! ");
        printf("\n");
}
```

1. 实验目的

（1）本实验旨在熟悉 Visual C++ 6.0 环境下对 C 语言源程序的编辑、保存、编译、链接和执行流程。

（2）本实验旨在熟悉 Visual C++ 6.0 环境和相关功能菜单。

（3）本程序旨在熟悉 Visual C++ 6.0 环境下对 C 语言源程序的调试和修订过程。

（4）本实验旨在了解如何查看源程序的运行结果。

2. 实验方式

本实验采用一人一机的方式进行。

3. 实验步骤

C 语言程序在 Visual C++ 6.0 编译环境下的调试运行步骤如下。

（1）启动 Visual C++ 6.0。通过鼠标双击桌面上的 Visual C++ 6.0 的图标或通过菜单方式启动 Visual C++ 6.0，鼠标单击"开始"菜单，选择"程序"，选择"Microsoft Visual Studio 6.0"，选择"Microsoft Visual C++ 6.0"启动。图 1-1 所示为启动后的可视化集成环境，窗口包括标题栏、菜单栏、工具栏和状态栏等。

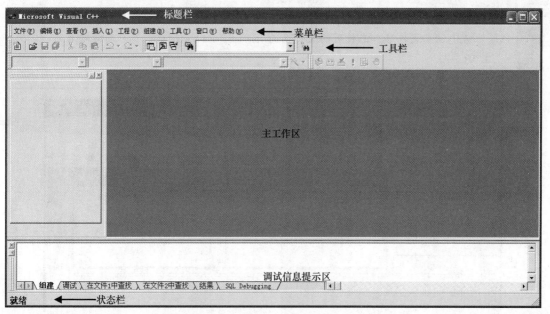

图 1-1　Visual C++　6.0 集成环境

（2）生成源程序文件。选择"文件（File）"菜单中的"新建（New）"命令，产生"新建"对话框，单击"文件"选项卡，选择"C++ Source File"选项，命名格式为*.c 的文件名，如 lt104.c，并设置源文件保存目录，单击"确定"按钮生成源程序文件，如图 1-2 所示。

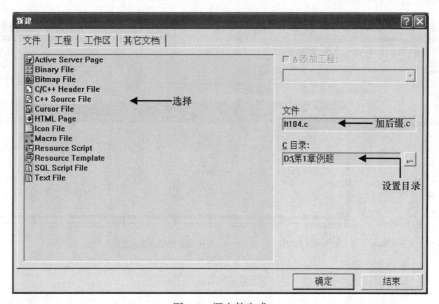

图 1-2　源文件生成

　指定的文件名后缀为.c。如果输入的文件名缺少后缀.c，则系统默认为 C++源程序文件，自动加上后缀.cpp。

（3）编辑源程序。在程序编辑区输入源程序，选择"文件"菜单下的"保存"选项，如图 1-3所示。

① 图1-3中C语言源程序存在错误，这是为程序调试故意设置的。

② 注意文件名，工作区的文件名为lt104.c，而Visual C++ 6.0的标题名为：创天中文 VC++。

③ 源程序编辑的重要一步是"保存"。

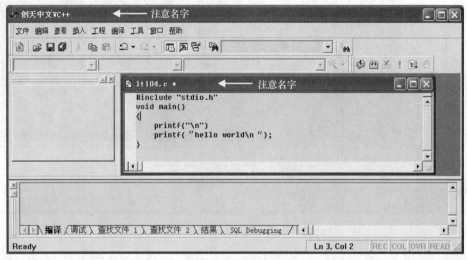

图1-3　编辑源程序

（4）编译和调试程序。单击"编译（Compile）"菜单，选择"编译 lt104.c"（Compile lt104.c）项后编译结果如图1-4所示。

图1-4　编译结果

屏幕下面的调试信息窗口显示源程序编译结果：lt104.obj - 9 error(s), 2 warning(s)。

说明：① 调试中的错误主要分两类，第一类是以 error 提示的致命错误，这类错误必须修改，修改不通过则无法生成目标文件；第二类是以 warning 提示的轻微警告，一般不影响生成目标程序和可执行程序，但有可能影响运行的结果，需要具体问题具体分析，因此尽量修订调试信息显示为"0 error(s)，0 warning(s)"。

② 修订 error 和 warning。通过信息提示栏右边的滚动条确认修订信息的详细内容：双击 error 行或 Warning 行，即可在程序行左边出现小的蓝色方块，这是程序调试信息提示的程序修改位置，如图 1-5 所示。对 error 和 warning 多次修改、多次编译，直到无错误提示为止。

（5）程序构建。选择"编译（Compile）"菜单执行链接（构建或组件 lt104.exe）命令，仍然通过信息提示栏修订 error 和 warning 到无误为止。

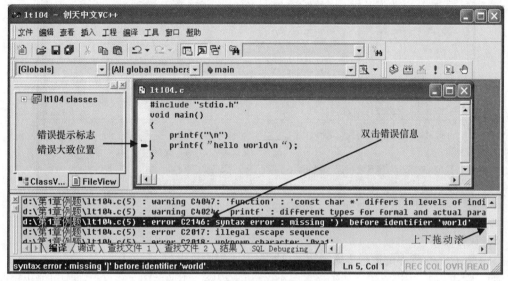

图 1-5   编译信息提示与定位

（6）程序运行。选择"编译（Compile）"菜单运行.exe 文件（执行 lt104.exe）查看运行结果，正确的程序在 DOS 窗口的运行结果如图 1-6 所示。

图 1-6   运行结果

    第二行 Press any key to continue 并非程序所指定的输出，而是 VC++ 6.0 在输出运行结果后系统自动加上的一行提示信息。

（7）关闭程序重建程序。选择文件菜单（File）的"关闭工作区（Close Workspace）"命令关闭工作区，重复第 1 步操作新建文件。

    选择关闭工作区是继续新建 C 语言程序的正确步骤。如果直接选择"文件"菜单下的"结束"命令，仅仅结束工作区的主程序，而编译运行后的工程文件依然存在。此时，新建 C 语言程序再输入 main 主函数后会出现两个或多个 main 主函数，这样编译通过后在连接和运行中都会提示：error。明显的错误特征是 Visual C++ 6.0 的标题名和主工作区的文件名不一致，如图 1-7 所示。

4. 实验结果

程序测试结果如图 1-7 所示。

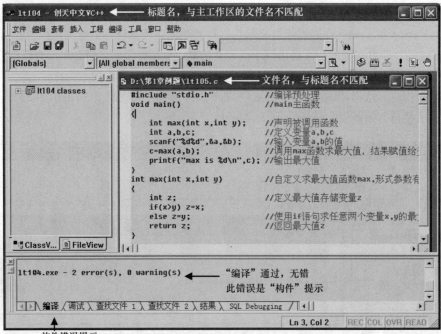

图 1-7　工作区的文件名与标题名不一致提示

5. 实验总结

（1）对 C 语言程序的运行步骤需要准确掌握，否则容易出现 error。

（2）完成一个 C 语言程序后编译下一个 C 语言程序，需要关闭工作区，否则可能出现两个 main 函数。

（3）掌握 C 语言源程序的后缀以及编译、构建后文件的后缀。

6. 实验延伸

选择其他 C 语言程序，编辑后重复运行步骤，进一步熟悉 Visual C++ 6.0 环境下各个步骤。

1.3.2　熟悉 Microsoft Visual Studio 2010 编译环境

```
// 第二个程序计算两个数 x 和 y 的和
#include "stdio.h"
void main()
{
    int x,y,sum;
    x=123;
    y=456;
    sum=x+y;
    printf("sum is =%d\n",sum);
}
```

1. 实验目的

（1）熟悉 Microsoft Visual Studio 2010 环境下对 C 语言源程序的编辑、保存、编译、组件和执行流程。

（2）熟悉 Microsoft Visual Studio 2010 环境和相关功能菜单。

（3）熟悉在 Microsoft Visual Studio 2010 环境下对 C 源程序的调试流程。

（4）了解如何查看源程序运行结果。

2．实验方式

本实验采用一人一机的方式进行。

3．实验步骤

下面详细讲述在 Microsoft Visual Studio 2010 编译环境下编辑与调试 C 源程序的运行流程与步骤。

（1）启动 Microsoft Visual Studio 2010。单击"开始"菜单，选择"所有程序"，选择"Microsoft Visual Studio 2010"的可执行程序"Microsoft Visual Studio 2010"启动集成环境。

Microsoft Visual Studio 2010 在一个新的编辑器内提供了集成的开发环境、开发平台支持、测试工具等，最重要的一点是支持 X64 位。新建项目如图 1-8 所示，在已安装的模板中选中"Visual C++ 6.0"，选择"Win32 控制台应用程序"后启动，勾选"为解决方案创建目录"。

图 1-8　Microsoft Visual Studio 2010 集成环境

（2）生成编译源程序文件。选择"解决方案"的"源文件"，添加并命名一个"新建项"，输入源程序后保存，保存后的源程序如图 1-9 所示。

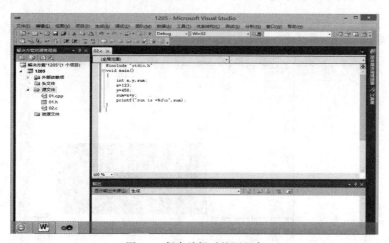

图 1-9　保存编辑后的源程序

（3）编译和调试程序。单击主菜单栏中的"调试"，在其下拉菜单中选择"启动调试(s) Ctrl+F5"，调试后的调息信息显示在输出栏。对 error 和 warning 的改正，可以通过对应栏右边的滚动条的滚动来确认需要改正的程序位置：找到错误后，双击 error 行或 warning 行，则对应有误程序行左边会出现小的蓝色方块，需要修改的程序位置在本蓝色方块上下的位置，如图 1-10 所示。对调试信息中的 error 和 warning 经过多次修改，最终"启动调试"后的调试信息显示无误结束。

图 1-10　编译源程序

（4）程序运行。选择"调试"菜单中的"开始执行（不调试）(H) Ctrl+F5"命令，则在 Microsoft Visual Studio 2010 集成环境的控制下运行程序。图 1-11 所示是执行程序后，弹出 DOS 窗口中显示的程序执行结果界面。

4. 实验结果

实验测试结果见图 1-11 程序运行结果。

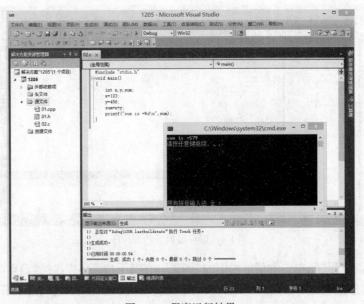

图 1-11　程序运行结果

5. 实验总结

如果没有修改后缀名为.c，则 C 语言程序在 Microsoft Visual studio2010 环境下的编译增加了 #include "stdafx.h"头文件，把 Project 中使用的一些 MFC 标准头文件预先编译，其后编译器自动跳过#include "stdafx.h"前的所有指令直接编译其后的所有代码。如果修改了后缀名，则无须头文件#include "stdafx.h"头文件。

6. 实验延伸

选择其他 C 语言程序在 Microsoft Visual studio 2010 下调试运行，掌握 C 语言程序的调试流程。

1.4　综合实例

1. 完善程序

在 Microsoft Visual C++ 6.0 编译环境下模仿教材【例 1-2】和本书 1.3.2 小节实现计算两个整数 x 和 y 的乘积，并输出完整的乘积式子。

分析：

两个整数 x、y 定义后赋初值，如 $x=5$，$y=9$。

输出 3 个值 x、y 和乘积 $x \times y$ 的结果的形式为：$5 \times 9=45$，结合本书 1.3.2 小节和教材【例 1-2】，表达式结果的每一个输出值应该对应一个%d，所以结果输出格式应该是：%d*%d=%d。

参考程序：

```
#include "stdio.h"
void main()
{
    int x,y,fact;
    x=5;
    y=9;
    _____    //计算两个数 x　y 的乘积赋值给 fact
    _____    //输出运行结果
    printf("\n");
}
```

运行输出结果：

```
5*9=45
```

实验说明：

如果熟悉程序，可以减少变量 fact，进一步简略程序输出实现，如：

```
printf("%d*%d=%d",x,y,x*y);
```

本例两个整数 x、y 是预定的，后续可以从键盘上任意输入实现，输入语句为：

```
scanf("%d",&x);
scanf("%d",&y);
```

2. 编写程序

模仿教材【例 1-3】，求 3 个整数 a、b、c 的最大值。

分析：

求两个整数 a、b 的最大值，先编写一个求两个数最大值的函数 max，main 函数调用 max 实现两个整数的最大值计算。本实验要求 3 个整数的最大值，可以先求两个数的最大值，然后与第 3 个数比较找出 3 个整数的最大值。

参考程序：

```
#include "stdio.h"
void main()
{
    int max(int x,int y);
    int a,b,c,t,maxabc;
    printf("请输入 3 个整数，用空格分隔开：");
    scanf("%d%d%d",&a,&b,&c);
    t=max(a,b);
    maxabc=max(t,c);
    printf("3 个数的最大数是：%d\n",maxabc);
}
int max(int x,int y)
{
    int max;
    if(x>y) max=x;
    else max=y;
    return max;
}
```

程序调试：

请输入 3 个整数，用空格分隔开：45 61 24

3 个数的最大数是：61

实验说明：3 个数的输入模仿两个数的输入，使用语句 scanf("%d%d%d",&a,&b,&c);。

如果可以，可进一步模仿求两个数的最大值算法，直接求 3 个数最大值，如以下程序与参考程序执行结果一致。

```
#include "stdio.h"
void main()
{
    int max(int x,int y,int z);
    int a,b,c,maxabc;
    printf("请输入 3 个整数，用空格分隔开：");
    scanf("%d%d%d",&a,&b,&c);
    maxabc=max(a,b,c);
    printf("3 个数的最大数是：%d\n",maxabc);
}
int max(int x,int y,int z)
{
    int t;
    if(x>y) t=x; else t=y;
    if(t>z)   return t;
    else return z;
}
```

3. 实现图案的输出

模仿下列程序，完成填空程序，实现图案的输出。

```
#include "stdio.h"
void main()
{
    printf("**********************\n");
    printf("hello,welcome to china!\n");
```

```
    printf("     good bye!\n");
    printf("*********************\n");
}
```

程序运行结果：

```
*************************
hello,welcome to china!
      good bye!
*************************
```

请模仿以上程序，完善以下程序，输出以下格式的图案：

```
===========================
 1 用户登录     2 修改密码
 3 进入游戏     4 退出程序
===========================
```

需要完善的程序如下：

```
#include "stdio.h"
void main()
{
    _____    //输出=======================
    _____    //输出1 用户登录    2 修改密码
    _____    //输出3进入游戏     4 退出程序
    _____    //输出=======================
}
```

1.5　实验总结

　　C 语言程序设计是一种既适合教学又有广阔前景的开发设计语言。本章实验主要是模仿。通过仿写程序逐步过渡到自己编写然后到创新，实现 C 语言设计程序开发，在解决生活难题的同时实现自动化。

　　在条件允许的情况下，可以了解 Turbo C 2.0 以及其他编译环境，熟悉 C 语言编译环境的变化。

1.6　实验参考答案

1. 完善程序
参考答案：
```
fact=x*y;
printf("%d*%d=%d",x,y,fact);
```

2. 模仿下列程序，完成填空程序，实现图案的输出
参考答案：

```
printf("=======================\n");
printf("1 用户登录    2 修改密码\n");
printf("3进入游戏     4 退出程序\n");
printf("=======================\n");
```

第2章
程序设计与算法

2.1　实验知识

1. 程序的概念

程序（Program）是一系列的操作步骤。计算机程序就是由人事先规定的计算机完成某项工作的操作步骤，每一步骤的具体内容由计算机能够理解的指令来描述，这些指令告诉计算机"做什么"和"怎样做"。它是用户依据某种规则（程序设计语言的语法）编写而成的。通常一个程序应该包含以下两个方面的内容。

（1）对数据的描述。在程序中，要指定数据的类型和数据的组织形式，即数据结构。

（2）对数据操作的描述。也就是具体的操作步骤，即算法。

2. 算法的概念

算法就是解决问题的方法和要遵循的步骤。程序的核心就是算法。

3. C 语言常用的算法描述方法

（1）使用自然语言表示算法。

自然语言就是人们日常使用的语言，可以是汉语、英语或其他语言。

（2）使用流程图表示算法。

流程图使用带箭头的线条将有限个集合图形框连接而成。其中，框用来表示指令动作或执行序列或条件判断，箭头表示算法的走向。流程图通过形象化的图示，能较好地表示算法中描述的各种结构。

（3）使用 N-S 图表示算法。

在这种流程图中，完全去掉了带箭头的流程线。全部算法写在一个矩形框内，在该框内还可以包含其他的从属于它的框，或者说，由一些基本的框组成一个大的框。

（4）使用伪代码表示算法。

伪代码作为一种算法的描述语言，是一种接近于程序语言的算法描述方法。它采用有限的英文单词作为伪代码的符号系统，按照特定的格式来表达算法，具有较好的可读性，可以很方便地将算法写成计算机的程序源代码。

2.2　实验要求

本章实验要求如下。
（1）熟练掌握结构化程序的算法描述方法。
（2）掌握一些常用的算法设计方法。

2.3　实验内容

2.3.1　分段函数的算法描述

有一函数：$y = \begin{cases} x & x < 1 \\ 2x-1 & 1 \leqslant x \leqslant 10 \\ 3x+5 & x > 10 \end{cases}$，输入 x，输出 y。

1．实验目的

（1）掌握分支结构的算法设计方法。
（2）练习用流程图和 N-S 图表示算法。

2．流程图

参考流程图（见图 2-1）。

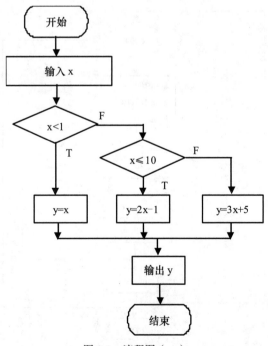

图 2-1　流程图（一）

N-S 图（见图 2-2）。

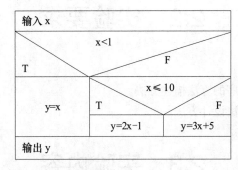

图 2-2　N-S 图（一）

2.3.2　循环结构的算法描述

输出所有的水仙花数。水仙花数是一个 3 位数，其各位数字的立方和等于该数。

1．实验目的

（1）掌握循环结构的算法设计。

（2）练习用流程图和 N-S 图表示算法。

2．流程图

参考流程图（见图 2-3）。

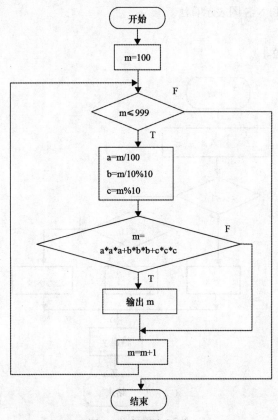

图 2-3　流程图（二）

N-S 图（见图 2-4）。

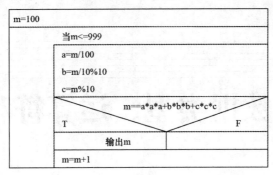

图 2-4　N-S 图（二）

2.4　实验总结

本章实验主要学习了结构化程序算法的设计，掌握常用的算法描述方法：自然语言、流程图、N-S 图和伪代码。

第3章
数据类型、运算符和表达式

3.1 实验知识

1. 数据类型

数据类型是 C 语言表示数据的基础，主要包含基本数据类型（整数型 int、字符型 char、单精度实数型 float 和双精度 double）、构造类型、指针、空类型 void 和定义类型 typedef。

2. 标识符、常量与变量

标识符：用来标识变量名、标号、函数名及其他各种用户定义名等的字符序列。在 C 语言中，标识符的组成必须满足以下条件。

（1）只能由字母、数字、下划线组成。

（2）第一个字符必须是字母或下划线，不能是数字。

（3）不能使用关键字，也不能和用户自定义的函数或 C 语言库函数同名。

（4）长度不超过 32 个字符。

常量：程序运行时其值不能改变的量（即常数），一般根据基本数据类型分为整型常量、实型常量、字符常量、字符串常量四种。常量除了基本的固定表示方法外，还可以使用#define 定义常量，后续章节称这种方法为宏定义。常量中的转义字符是用反斜杠后面跟一个字符或一个八进制数或十六进制数的代码值表示，其中八进制数为 1～3 位，十六进制为 1～2 位，通常使用转义字符表示 ASCII 字符集中不可打印的控制字符和特定功能的字符。字符串常量与其他常量不同的是存储在内存时系统自动加上结束标志'\0'，虽然存储占用字节数但并不是字符串有效字符，所以字符串长度并不计算在内。

变量：程序在运行过程中，其值是可以改变的量。一个变量应该有一个对应的名字，用来标识不同的变量，"见名知其意"，变量定义格式如下。

数据类型名 变量 1[,变量 2,…,变量 n];

变量的基本要求是先定义再赋值后使用，变量赋值时左边不能是常量、表达式，只能是单个变量。

3. 运算符

C 语言中各种运算符一共有 44 个，按优先级可分为 11 个类型、15 个优先级别。本章主要讲述算术运算符与其扩展运算符、赋值运算符、复合赋值运算符、关系运算符、逻辑运算符、逗号运算符、条件运算符以及位运算符等。其他运算符在后续章节进行介绍。

各种运算符在表达式中可混用，运算顺序按照不同运算符的优先级和结合性进行运算。

学习运算符的重点如下。

（1）运算符功能：掌握不同运算符的运算功能，尤其区别数学公式在 C 语言中的写法和对应的不同结果。

（2）与运算量的关系。

（3）要求运算量个数（就是几目运算符）：对不同的运算符需要注意其对应的运算量个数的要求，不能自行添加或删除。

（4）要求运算量类型：不同运算符对运算量有不同的要求，必须符合运算要求的运算量才能运算。

（5）运算符优先级别：这是各种运算符混合运算的基础。

（6）结合方向：不同运算符有不同的结合方向，多个运算符综合运算时需要注意其结合方向，尤其是优先级相同的运算符共存时更要注意。

（7）结果的类型：对运算符运算的结果需要区分使用。

混合运算符对不同数据类型的运算结果如果出现不一致，需要实现数据类型的转换，转换方法有自动转换和强制转换两种。

本章在程序设计中应注意以下两点。

（1）用整数型（int、short、long）说明变量时，要注意变量的取值范围，不要超出有效取值范围，否则将出现意想不到的错误。

（2）运算符的优先级：程序中应用关系运算符中的等号（==）不要写成赋值号（=）；逻辑运算中，逻辑与运算符&&优先级高于逻辑或运算符||，并按从左向右顺序运算，尤其需要注意的是：逻辑运算符&&和||可能会对所在的表达式造成"短路"。

3.2　实验要求

本章实验要求如下。

（1）熟练掌握 C 语言基本数据类型。

（2）熟练掌握标识符、常量、变量的定义。

（3）熟练掌握 C 语言的常用运算符，包括运算功能、优先级、结合性及运算结果的数据类型等。

（4）熟练掌握不同运算符混合运算的优先顺序和数据类型不一致的转换规则。

3.3　实验内容

3.3.1　C 程序设计书写数学公式

完善程序，从键盘上输入华氏温度 h，输出摄氏温度 c，其中华氏温度与摄氏温度的数学转换公式为：摄氏温度=5/9×（华氏温度−32）。

1．实验目的

（1）本实验旨在掌握不同数据类型的变量定义。

（2）本实验旨在考查对运算符的掌握程度和不同运算符对运算结果的影响。

（3）本实验旨在转换数学公式在C语言程序设计中的不同写法。

2．实验方式

本实验采用一人一机的方式进行。

3．实验步骤

（1）输入的华氏温度h和输出摄氏温度c的数据类型定义为float型（更严谨一点，c应该是double类型）。

（2）华氏温度h输入使用scanf()实现，摄氏温度c的输出使用printf()实现。

（3）华氏温度h与华氏温度c的数学转换公式为$c=5/9 \times (h-32)$，但C语言程序中不能直接按数学公式格式书写，如分数5/9可以写成5.0/9.0、5/9.0或5.0/9等。

4．实验程序

```
#include "stdio.h"
void main()
{
float h,c;
printf("请输入华氏温度: ");
scanf("%f",&h);
_____//公式转换，赋值给变量c
printf("华氏温度%f转换摄氏温度为%f\n",h,c);
}
```

5．实验结果

请输入华氏温度：25.4↙

华氏温度25.400000转换摄氏温度为-3.666667

6．实验总结

（1）C语言规定：两个整数相除，结果为整数。

（2）输入/输出的格式在后续第4章单独介绍。

7．实验答案与延伸

本实验实现的是华氏温度转换为摄氏温度，如何实现摄氏温度转换为华氏温度？

3.3.2   自增++、自减--运算符与逻辑运算符

把以下程序输入到C语言编译环境中，分析自增++、自减--运算符的作用，分析逻辑运算符&&和||的短路，写出程序运行结果。

```
#include "stdio.h"
void main()
{
    int m,n,x,y,z,t,temp;
    m=5;n=9;
    printf("后置自增结果为: m++=%d,m=%d\n",m++,m);
    printf("前置自减结果为: --n=%d,n=%d\n",--n,n);
    x=0;y=0;z=0;
    t=++x||++y&&++z;
```

```
        printf("短路一结果为：t=%d,x=%d,y=%d,z=%d\n",t,x,y,z);
        x=y=z=-1;
        temp=x++&&--y&&z--||--x;
        printf("短路二结果为：temp=%d,x=%d,y=%d,z=%d\n",temp,x,y,z);
}
```

1．实验目的

（1）本实验旨在巩固自增++，自减--运算符前置与后置的功能。

（2）本实验旨在学习逻辑运算符&&和||的功能。

（3）本实验旨在考查多种运算符混合应用的优先级判断和逻辑运算符中的短路特性。

2．实验方式

本实验采用一人一机的方式进行。

3．实验步骤

（1）自增++的前置是先对变量+1，再使用变量；++后置是指先使用变量，然后变量+1。

（2）自减--的前置是先对变量-1，再使用变量；--后置是指先使用变量，然后变量-1。

（3）逻辑&&和||的短路是指在逻辑运算中自左向右运算中，一旦结果已经确定，则其后的表达式终止，出现"短路"。

4．实验结果

后置自增结果为：m++=5,m=5　// visual studio 2010 运行结果　m++=5,m=6

前置自减结果为：--n=8,n=9　// visual studio 2010 运行结果　--n=8,n=8

短路一结果为：t=1,x=1,y=0,z=0

短路二结果为：temp=1,x=0,y=-2,z=-2

5．实验总结

运算符在 C 语言中的应用需要掌握运算符的优先级、功能和结合方向，尤其注意的是特殊运算符的应用。

3.3.3　表达式的计算

请完善补充下面的程序，从键盘上输入 3 个数 a、b、c，求一元二次方程的解 $x1$、$x2$，并输出这两个解的绝对值。

1．实验目的

（1）本实验旨在输入一元二次方程 $ax^2+bx+c=0$ 的有效值 a、b、c，求解 $x1$、$x2$。

（2）本实验旨在考查数学函数绝对值的应用，如 $x1$ 的绝对值为 fabs(x1)。

（3）本实验旨在考查表达式的正确写法。

2．实验方式

本实验采用一人一机的方式进行。

3．实验步骤

（1）一元二次方程求解的条件是△=b^2-4ac≥0，所以输入 a、b、c 时需要注意。

（2）x 的绝对值使用系统提供的函数 fabs(x)，开平方使用的数学函数为 sqrt(△)。

（3）数学式子 b^2 的正确写法是 b*b，或者使用库函数提供的数学函数 pow(b,2)。

4．实验程序

```
#include "stdio.h"
#include "math.h"
```

```
void main()
{
    float a,b,c,x1,x2;
    printf("输入三个数 a, b, c: ");
    scanf("%f%f%f",&a,&b,&c);
    if(b*b-4*a*c>=0)
    {
        x1=(-b+sqrt(b*b-4*a*c))/(2*a);
        x2=(-b-sqrt(b*b-4*a*c))/(2*a);
        x1=fabs(x1);
        x2=fabs(x2);
        printf("一元二次方程的解的绝对值 x1=%f,x2=%f\n",x1,x2);
    }
    else printf("Data is Error!不能求解一元二次方程的实数解! \n");
}
```

5. 实验结果

（1）输入三个数：1 −3 2 <回车>

一元二次方程的解的绝对值 x1=2.000000，x2=1.000000

（2）输入三个数：4 3 5 <回车>

Data is Error! 不能求解一元二次方程的实数解！

6. 实验总结

（1）数学题中的数据根据实际需要确定对应的数据类型。

（2）使用系统的数学类型的函数，在源程序文件中增加预处理，如#include "math.h"等。

（3）表达式要有正确的书写规范和格式。

7. 实验延伸

其他类型的数学计算题均可使用 C 语言程序编程实现。

3.3.4 简单算法的应用

编写程序，从键盘上输入两个整数 x、y，实现两个数的交换，并求出最大值、最小值和两个数的平均值。

1. 实验目的

（1）本实验旨在考查学生对设计程序的理解和简单算法的掌握。

（2）本实验旨在考查学生对最大值最小值的求解过程。

（3）本实验旨在考查学生对交换算法的理解。

（4）本实验旨在考查学生对平均值的求解过程。

2. 实验方式

本实验采用一人一机的方式进行。

3. 实验步骤

（1）求解最大值的算法是设定第一个数为最大值，其后的数与之进行比较；如果后续有其他数值比设定的第一个数大，则最大值修订。

（2）求解平均值的算法是求所有数据的和除以数据的个数。

（3）两个数的交换需要借助中间变量存放，然后实现交换。

4. 实验程序

```c
#include "stdio.h"
void main()
{
    int x,y,t,max,sum=0;
    float average;
    printf("请输入两个整数 x y: ");
    scanf("%d%d",&x,&y);
    printf("您输入的两个整数 x y 为: ");
    printf("x=%d,y=%d\n",x,y);
    max=x;
    if(max<y) max=y;
    sum=x+y;
    _____    //求平均值赋值给 average
    _____    //两个数 x y 交换
    printf("交换后的两个整数 x y 为: ");
    printf("x=%d,y=%d\n",x,y);
    printf("最大值 max=%d\n", max);
    printf("平均值 average=%f\n", average);
}
```

5. 实验结果

请输入两个整数 x y: 6 13 <回车>

您输入的两个整数 x y 为: x=6,y=13

交换后的两个整数 x y 为: x=13,y=6

最大值 max=13

平均值 average=9.500000

6. 实验思考

（1）求平均值时能否使用 average=sum/2，思考一下，为什么？

（2）如果输入的是两个字符而不是两个整数，能否求两个字符的平均值？

7. 实验参考答案

```c
average=sum/2.0;
{t=x;x=y;y=t;}
```

3.3.5 多运算符的混合运算

1. 实验目的

（1）本实验旨在巩固学生在使用运算符进行混合运算时需要按照运算符的优先级和结合性进行运算。

（2）本实验旨在考查学生对不同运算符的运算结果的判别。

2. 实验方式

本实验采用一人一机的方式进行。

3. 实验内容

在 C 语言程序编译环境中输入以下程序，思考：为什么程序输出是这个结果？

```c
#include "stdio.h"
```

```
void main()
{
    int y;
    int a,b,c;
    float x,z;
    y=3;z=5.2;x=4.8;
    printf("y+=(int)x+x+z 的结果为：%d\n", y+=(int)x+x+z);
    printf("a=(b=8)/(c=2)的结果为：%d\n", a=(b=8)/(c=2));
    a=3;b=-4;c=5;
    printf("!(a>b)+(b!=c)||(a+b)&&(y-z)的结果为：%d\n",!(a>b)+(b!=c)||(a+b)&&(b-c));
    x=2.5;a=7;z=4.7;
    printf("x+a%3*(int)(x+z)%2/4 的结果为：%f\n",x+a%3*(int)(x+z)%2/4);
    a=2;b=3;x=3.5;z=2.5;
    printf("(float)(a+b)/2+(int)x%(int)y的结果为：%f\n",(float)(a+b)/2+(int)x% (int)z);
}
```

4. 实验结果

y+=(int)x+x+z 的结果为：17

a=(b=8)/(c=2) 的结果为：4

!(a>b)+(b!=c)||(a+b)&&(y-z) 的结果为：1

x+a*(int)(x+z)/4 的结果为：2.500000

(float)(a+b)/2+(int)x(int)y 的结果为：3.500000

3.4　实验总结

本章实验主要考查学生对基本数据类型的了解，考查学生对各种运算符的掌握与应用，尤其是运算符的优先级、结合性、运算结果等，各种运算符混合应用时能够按照C语言规定的运算顺序完成运算。在C语言提供的常见基本运算符中，注意结果特殊或运算顺序特殊或运算量特殊等运算符的应用。

第4章
顺序结构程序设计

4.1 实验知识

本章通过调试程序，分析程序运行结果，掌握不同类型语句的用法，以及各种类型数据的输入/输出的方法，能够正确使用各种格式的转换符；掌握各种运算符尤其是复合赋值运算符和除法及求余运算符的使用方法；掌握顺序结构程序设计的基本步骤和一般方法。

1. C 语言语句

C 语句可分为 5 类：表达式语句、函数调用语句、控制语句、复合语句和空语句。本章主要使用的 C 语句是表达式语句和函数调用语句。

（1）表达式语句：表达式语句由表达式加上分号";"组成。其一般形式为：

表达式;

执行表达式语句就是计算表达式的值。

例如：

```
sum=y+z;   /*赋值语句*/
i++;        /*自增 1 语句, i 值增 1*/
```

（2）函数调用语句：由函数名、实际参数加上分号";"组成。其一般形式为：

函数名(实际参数表);

例如：

```
printf("C Program"); /* 调用库函数, 输出字符串: C Program*/
```

2. printf 函数（格式输出函数）

printf 函数调用的一般形式为：

```
printf("格式控制字符串", 输出表列)
```

其中格式控制字符串用于指定输出格式。格式控制串可由格式字符串和非格式字符串组成。格式字符串是以%开头的字符串，在%后面跟有各种格式字符，以说明输出数据的类型、形式、长度、小数位数等。例如：

"%d"表示按十进制整型输出；

"%f"表示按单精度输出；

"%c"表示按字符型输出。

非格式字符串在输出时原样照印，在显示中起提示作用。

输出表列中给出了各个输出项，要求格式字符串和各输出项在数量和类型上应该一一对应。各种类型格式符的详细用法请阅读教材。

使用 printf 函数的注意事项。

（1）printf()可以输出常量、变量和表达式的值。但格式控制中的格式说明符，必须按从左到右的顺序与输出项表中的每个数据一一对应，否则出错。

例如，printf("str=%s, f=%d, i=%f\n", "hello", 1.0 / 2.0, 3 + 5, "happy");是错误的。

（2）格式字符 x、e、g 可以用小写字母，也可以用大写字母。使用大写字母时，输出数据中包含的字母也大写。除了 x、e、g 格式字符外，其他格式字符必须用小写字母。例如，%f 不能写成%F。

（3）格式字符紧跟在 "%" 后面就作为格式字符，否则将作为普通字符使用（原样输出）。

（4）若是双精度型变量输出时应用%lf 格式控制，例如，double f;输出时应使用语句：

```
printf ("%lf", f);
```

3. scanf 函数(格式输入函数)

scanf 函数调用的一般形式为：

```
scanf("格式控制字符串",地址表列);
```

其中，格式控制字符串的作用与 printf 函数相同，但不能显示非格式字符串，也就是不能显示提示字符串。地址表列中给出各变量的地址。地址是由地址运算符 "&" 后跟变量名组成的。例如，&a、&b 分别表示变量 a 和变量 b 的地址。这个地址就是编译系统在内存中给变量 a、b 分配的地址。

使用 scanf 函数的注意事项。

（1）scanf()的返回值是成功读入的项目个数。如果它没有读取任何项目（比如，当期望输入的是数字，而实际输入了一个非数字字符串时就会发生这种情况），scanf()会返回值 0。

（2）当 scanf()期望输入的是数字，而实际输入了空格、回车等，scanf()将跳过这些字符，继续等待正确的（数字）输入。如果输入的是一个字符串时，scanf()不会将该字符读入给程序，而是直接返回，执行下一语句。

（3）如果在 "格式控制" 字符串中除了格式说明以外还有其他字符，则在输入数据时应输入与这些字符相同的字符。

（4）在用 "%c" 格式输入数据时，空格字符和 "转义字符" 都作为有效字符输入：

```
scanf ("%c%c%c", &a, &b, &c);
```

如果输入的数据为 a□b□c✓，则变量 a 中存入的是字符'a'，变量 b 中存入的是 "空格"，变量 c 中存入的是字符'b'。

（5）在输入数据时，遇以下情况时该数据认为结束：①遇空格或按 "回车" 或 "跳格"（Tab）键；②遇宽度结束，如 "%3d"，表示只取数的前 3 列（百位）；③遇非法输入。

（6）"*" 符。用以表示该输入项读入后不赋予相应的变量，即跳过该输入值。例如：

```
scanf("%d %*d %d",&a,&b);
```

当输入为：10□20□30✓时，把 10 赋予 a，20 被跳过，30 赋予 b。

（7）宽度。用十进制整数指定输入的宽度（即字符数）。例如，scanf("%5d",&a);输入为：1234567
↙时，只把 12345 赋予变量 a，其余部分被截去。

（8）scanf 函数中没有精度控制，例如，scanf("%4.2f",&a); 是非法的。不能企图用该语句输入包含 2 位小数的实数。

4.2　实验要求

本章实验要求如下。

（1）掌握顺序结构程序的组成部分——表达式语句和函数调用语句。

（2）掌握格式输入/输出 scanf 函数、printf 函数的用法；熟悉整型、实型、字符型数据的输入/输出格式。

（3）掌握字符输入/输出函数 getchar、putchar 函数的用法。

（4）掌握 C 语言数据类型的用法。

（5）掌握顺序结构程序设计的基本方法，能够编写简单的顺序结构程序。

4.3　实验内容

（1）请将下面的程序补充完整，并根据输入内容，给出运行结果。

```c
#include <stdio.h>
void main()
{
    int   a,b;  //不同类型变量的定义
    float  x,y;
    double  r,s;
    scanf("_____",___,___);        /*line 6: 输入 a,b 的值*/
    scanf("_____",___,___);        /*line 7: 输入 x,y 的值*/
    scanf("_____",___,___);        /*line 8: 输入 r,s 的值*/
    printf("a=%d, b=%d\n",a,b);      /*line 9*/
    printf("x=%f, y=%f\n",x,y);      /*line 10*/
    printf("r=%f, s=%f\n",r,s);      /*line 11*/
}
```

编译、连接并运行程序，分三行输入以下内容。

```
12  34
5.6789  -1.2345
12.4567  0.123456
```

给出输出结果，并说明原因。

若将标有/* line 9 */、/* line 10 */、/* line 11 */的 3 个语句分别改写为：

```c
printf("a=%5d, b=%5d\n",a,b);
printf("x=%.2f, y=%.2f\n",x,y);
printf("r=%8.f, s=%8.f\n", r,s);
```

重新编译、连接并运行，输入内容同上，给出输出结果，并说明原因。

（2）分析下面的程序，写出结果，并上机验证，将二者对照分析。

```c
#include<stdio.h>
void main()
{
  unsigned x=65535;
  int y=-2;
  float z1=12.34567, z2=123.4560;
  printf ( "x=%d,%o,%x,%u\n",x,x,x,x );
  printf ( "y=%d,%o,%x,%u\n",y,y,y,y );
  printf ( "z1=%10f,%10.2f,%.2f,%-10.2\n",z1,z1,z1,z1 );
  printf ( "z2=%f,%e,%g,%\n",z2,z2,z2 );
  printf ( "x=%u\n",x );
}
```

（3）给定圆环，输入内圆环半径 r1、外圆环半径 r2，求出圆环的面积。

本实验主要考查基本顺序结果程序设计的一般步骤和方法，实现变量的定义和输入/输出。实现程序如下，请补充完善。

```c
#include <stdio.h>
#define P 3.14
void main( )
{
   float r1,r2;
   double s1,s2,s;
   printf( "Please enter r1,r2: ");
   _____   //输入内圆环半径 r1 和外圆环半径 r2
   s2=r2*r2*P;
   s1=r1*r1*P;
   s=s2-s1;
   _____    //输出圆环面积
}
```

程序运行结果：

```
Please enter r1,r2:1 2<回车>
s=9.42000
```

（4）从键盘输入一个 3 位整数，请输出该数的逆序数。

本实验考查基本顺序结构程序设计的一般方法和整型变量各位数字的提取方法。参考程序如下，请补充完整。

```c
#include <stdio.h>
void main( )
{ int a,b,c,x,y;
   printf( "请输入一个 3 位的正整数：\n");
   scanf( "%d",&x);
   _____     /*求 x 的百位数*/
   _____     /*求 x 的十位数*/
   _____     /*求 x 的个位数*/
   y=c*100+b*10+a;
   printf( "%d:%d\n",x,y);
```

```
}
```

运行结果：

输入：123<回车>

输出：123:321

（5）输入并运行以下程序，分析运行结果。

```
#include <stdio.h>
void main( )
{
    int i,j;
    i=8; j=10;
    printf( "%d,%d\n",++i,++j);
    i=8; j=10;
    printf( "%d,%d\n",i++,j++);
    i=8; j=10;
    printf( "%d,%d\n",++i,i);
    i=8; j=10;
    printf( "%d,%d\n",i++,i);
}
```

（6）输入 3 个字符型数据，将其转换成相应的整数后，求它们的平均值并输出。

4.4　实验总结

　　本章实验主要考查了学生对顺序语句以及输入/输出格式的了解，综合了其他章的内容，本章在实验内容方面进行了适当延伸，尤其结合部分简单实例进行实验。

4.5　实验参考答案

　　（1）本实验主要考查不同类型变量的输入/输出和简单格式控制符的使用。程序输出结果如下。

```
a=12,b=34  x=5.678900,y=-1.234500 r=12.456700,s=0.123456
a=  12,b=  34 x=5.68,y=-1.23 r=     12,s=     0
```

　　（2）本实验主要考查无符号整型和单精度类型的输入/输出，不同进制格式符和精度控制格式符的使用。输出结果如下。

```
x=65535, 177777,ffff,65535
x =-2.37777777776,fffffffe,4294967294
z 1=12.345670,    12.35,12.35,
z 2=123.456001,1.234560e+002,123.456,
x =65535
```

　　（3）参考答案如下。

```
scanf( "%f%f",&r1,&r2);//输入内半径 r1 和外半径 r2
printf( "s=%lf\n",s);  //输出圆环面积
```

（4）参考答案如下。

```
a=x/100;          /*求 x 的百位数*/
b=x%100/10;       /*求 x 的十位数*/
c=x%10;           /*求 x 的个位数*/
```

（5）本程序考查自增运算符在输出函数中的使用，应注意 printf 函数参数的求解顺序是自右向左。

运行结果：

```
9,11
8,10
9,8
8,8
```

（6）本程序主要考查字符型数据和整型数据的通用性，以及字符型数据的输入和格式化输出。参考答案如下。

```
#include <stdio.h>
void main( )
{ char a,b,c;
  float x;
  printf( "Please enter:\n");
  scanf("%c%c%c",&a,&b,&c);
  x=(a+b+c)/3.0;
  printf("(a+b+c)/3=%.2f\n",x);
}
```

运行结果：

输入：abc<回车>

输出：(a+b+c)/3=98.00

还可以利用 getchar 函数实现字符数据的获取。程序如下。

```
#include <stdio.h>
void main( )
{ char a,b,c;
  float x;
  printf( "Please enter:\n");
  a=getchar();
  b=getchar();
  c=getchar();
  x=(a+b+c)/3.0;
  printf( "(a+b+c)/3=%.2f\n",x);
}
```

第5章
选择结构程序设计

5.1 实验知识

5.1.1 单分支 if 语句

单分支 if 语句的一般形式为：

```
if(表达式)
    语句块1;
```

执行过程是：先判断表达式的逻辑值，若该值为"真"，执行语句块1；否则，什么也不执行，直接向下执行，如图 5-1 所示。

语句块 1 一般情况下都是以复合语句的形式出现，即用一对花括号将语句括起来。如果 if 结构中的语句只有一条，则可以不需要花括号。

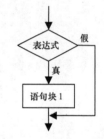

图 5-1　单分支结构流程

5.1.2 双分支 if-else 语句

双分支 if-else 语句的一般形式为：

```
if(表达式)
    语句块1;
else
    语句块2;
```

执行过程是：先判断表达式的逻辑值，若该值为"真"，执行语句块1；否则，执行语句块2，如图 5-2 所示。

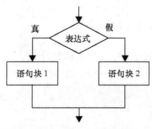

图 5-2　双分支结构流程

语句块 1 和语句块 2 一般情况下都是以复合语句的形式出现，即用一对花括号将语句括起来。如果 if-else 结构中的语句只有一条，则可以不需要花括号。

5.1.3　多分支语句

多分支结构的一般形式是：

```
if (表达式1)      语句1；
else if (表达式2)      语句2；
else if (表达式3)      语句3；
…
[ else          语句n+1;]
```

多分支语句的流程图如图 5-3 所示。

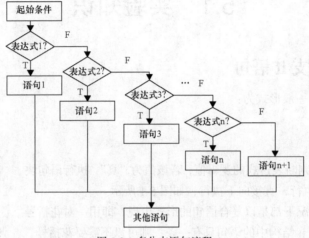

图 5-3　多分支语句流程

5.1.4　嵌套

选择语句嵌套是指在已有的选择语句中又加入选择语句，如在 if 或 else 的分支下又可以包含另一个 if 语句或 if-else 语句。

选择语句嵌套的形式有两种：规则嵌套和任意嵌套。规则嵌套的形式与多分支结构是一样的，除最后一个 else 外，其他每个 else 都与它前面最近的 if 匹配。

任意嵌套与规则嵌套不同，任意嵌套是在 if 结构或者 if-else 结构中的任一执行框中插入 if 结构或者 if-else 结构。

5.1.5　switch 与 break 语句

switch 语句是一种多路分支开关语句，以 switch 开始，一般形式是：

```
switch（表达式）
{
    case  E1:语句组1;break;
    case  E2:语句组2;break;
    …
```

```
    case  En:语句组 n;break;
    [default]:语句组 n+1;break;
}
```

switch 语句结构的流程图如图 5-4 所示。

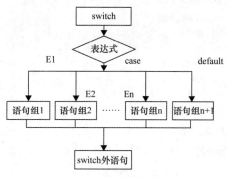

图 5-4　switch 结构流程

从开关语句 switch 结构可以看出，break 语句可以使用在 switch 语句中，作用是中断和跳出 switch 开关结构，也是 switch 开关语句唯一的结束标志。

5.2　实验要求

本章实验要求如下。
（1）掌握单分支 if 语句的使用方法。
（2）掌握双分支 if-else 语句的使用方法。
（3）掌握多分支语句的一般形式和使用方法。
（4）掌握循环嵌套的使用方法。
（5）掌握 switch 语句的一般形式和使用方法，结合 break 语句解决生活中的问题。

5.3　实验内容

5.3.1　实验一　单分支选择语句

对输入的 4 个整数按照从小到大的顺序进行排序。请根据注释将程序填写完整。

1. 实验目的
（1）正确使用关系表达式和逻辑表达式。
（2）掌握单分支 if 语句的使用方法。

2. 实验方式
本实验采用一人一机的方式进行。

3. 实验步骤
定义 4 个实型变量 a、b、c、d，利用单分支 if 语句对其进行排序，最后将结果输出。

4．实验程序

```
#include <stdio.h>
void main( )
{   float a,b,c,d,t;
    printf("请输入 4 个实型数据：");
    scanf("%f%f%f%f",&a,&b,&c,&d);
    if(a>b)  {  t=a; a=b; b=t;  }
    if(a>c)  {  t=a; a=c; c=t;  }
    if(a>d)  {  t=a; a=d; d=t;  }
    if(b>c)  {  t=b; b=c; c=t;  }
    if(b>d)  {  t=b; b=d; d=t;  }
    _____①_____        /*c  d 交换排序*/
    printf("从小到大的顺序为：");
    _____②_____        /*输出排序的结果*/
}
```

5．实验结果

请输入 4 个实型数据：3.8 1.1 10.5 8.4

输出结果：

从小到大的顺序为：1.100000   3.800000   8.400000   10.500000

6．参考答案

第①处填写：if(c>d)   {t=c; c=d; d=t;}

第②处填写：printf("%f\t%f\t%f\t%f\n",a,b,c,d);

5.3.2　实验二　双分支选择语句

判断箱子是正方体还是长方体。请根据注释将程序填写完整。

1．实验目的

（1）解决简单的应用问题。

（2）掌握双分支 if-else 语句的使用方法。

2．实验方式

本实验采用一人一机的方式进行。

3．实验步骤

分别用变量 l、w、h 表示箱子的长、宽、高，利用双分支 if-else 语句对箱子的长、宽、高进行判断，若长、宽、高都相等则为正方体，否则为长方体，最后将结果输出。

4．实验程序

```
#include <stdio.h>
void main( )
{  int l,w,h;
   printf("Please enter three numbers: \n");
   scanf("%d,%d,%d",&l,&w,&h);
   _____①_____        /*if分支*/
     printf("该箱子是正方体。\n");
   _____②_____
     printf("该箱子是长方体。\n");
}
```

5. 实验结果

```
Please enter three numbers:
10,10,10
```

输出结果：

该箱子是正方体。

6. 参考答案

第①处填写：if(l==w&&w==h)

第②处填写：else

5.3.3　实验三　多分支选择语句

某一商场"五一"打折促销，如果顾客购买满 10 000 元以上，打 7.5 折；否则，如果满 8 000 以上，打 8 折；否则，如果满 6 000 元，打 9 折；否则，如果满 4 000 元，打 9.5 折；否则，不再打折。请编程计算每位顾客应支付多少？

1. 实验目的

（1）解决生活的应用问题。

（2）掌握多分支语句的使用方法。

（3）选择语句与算法相结合解决实际问题。

2. 实验方式

本实验采用一人一机的方式进行。

3. 实验步骤

使用变量 total 表示没打折前的总货款，变量 dis 表示折数，变量 money 表示折扣后实际应该支付的钱数。顾客购买商品的总价确定后，根据打折促销的条件匹配自己应该支付的实际价钱，属于多分支范畴。

4. 实验程序

```c
#include<stdio.h>
void main( )
{
    float total,dis,money;
    printf("Input total data:");
    scanf("%f",&total);
    if (total>10000)    dis=7.5;
    else if (total>8000)    dis=8;
    else if (total>6000)    dis=9;
    else if (total>4000)    dis=9.5;
    else            dis=10;
    money=dis/10.0*total;
printf("总货款：%f 元。打%f折,折扣后应支付：%f元。欢迎再次光临! \n",total,dis,money);
}
```

5. 实验结果

```
Input total data:12345
```

输出结果：

总货款：12345.000000 元。打 7.500000 折，折扣后应支付：9258.750000 元。欢迎再次光临!

5.3.4　实验四　switch 语句

把 5.3.3 小节的实验三用 switch 语句实现。

1. 实验目的

（1）掌握解决生活应用问题的编程思想。

（2）巩固 switch 语句的一般形式。

（3）锻炼学生将 switch 语句与 break 语句相结合用来解决实际问题的能力。

2. 实验方式

本实验采用一人一机的方式进行。

3. 实验步骤

switch 语句的一般形式是在 switch 之外的圆括号内有变量或变量表达式，并且对应的 case 后的结果 E 是常量，而 total>10000 或 total>8000 等很难不做修订直接使用，但很容易发现规律，如果引入变量 t=(int)(total/1000)，就发现结果简单多了。

4. 实验程序

```c
#include<stdio.h>
void main( )
{
    float total,dis,money;
    int t;
    printf("Input total data:");
    scanf("%f",&total);
    t=(int)(total/1000);
    switch(t)
    {
    case 0:
    case 1:
    case 2:
    case 3:dis=1.0;break;
    case 4:
    case 5:dis=0.95;break;
    case 6:
    case 7:dis=0.9;break;
    case 8:
    case 9:dis=0.8;break;
    default:dis=0.75;break;
    }
    money=dis*total;
printf("总货款:%.2f 元。打%.2f 折,折扣后应支付:%.2f 元。欢迎再次光临! \n",total,dis *10,money);
}
```

5. 实验结果

Input total data:12345

输出结果：

总货款：12345.00 元。打 7.50 折，折扣后应支付：9258.75 元。欢迎再次光临！

6. 实验总结

使用 switch 语句时，圆括号内的表达式不能简单表示时，可以增加同样的处理公式使结果简化，如考试成绩 score 可以使用(int)(score/10)表示。

5.4　综合实例

编写程序，从键盘上输入两个整数 x、y，然后输入 "+" "−" "*" "/" "%" 任意运算符号，计算对应的结果并输出到屏幕上。

分析：

（1）运算符号 "+" "−" "*" "/" "%" 共 5 个（有限），运算符的选择可以使用 switch 匹配。

（2）为了能够连续执行运算，还会使用后续章节（第 6 章）的循环。

参考程序：

```
#include"stdio.h"
void main( )
{
    int x,y,z,flag=1;
    char opp;
    char ch,c;
    printf("Input x  y integer data: ");
    scanf("%d%d",&x,&y);
    printf("%c",c=getchar());
    printf("Input  opp +,-,*,/ or %% : ");
    while((opp=getchar())!=NULL&&(ch=getchar())=='\n')   //NULL 是无效字符
    {
        printf("结果为: ");
        switch(opp)
        {
        case'+':z=x+y;printf("%d%c%d=%d\n",x,opp,y,z);break;
        case'-':z=x-y;printf("%d%c%d=%d\n",x,opp,y,z);break;
        case'*':z=x*y;printf("%d%c%d=%d\n",x,opp,y,z);break;
        case'/':z=x/y;printf("%d%c%d=%d\n",x,opp,y,z);break;
        case'%':z=x%y;printf("%d%c%d=%d\n",x,opp,y,z);break;
        default:printf("sorry,you input the error opp!\n");break;
        }
        printf("Input  opp +,-,*,/ or %%: ");
    }
}
```

程序运行结果：

```
Input x  y integer data: 21 4
Input  opp +,-,*,/ or % : -
结果为: 21-4=17
Input  opp +,-,*,/ or %: +
结果为: 21+4=25
Input  opp +,-,*,/ or %: *
结果为: 21*4=84
Input  opp +,-,*,/ or %: /
结果为: 21/4=5
Input  opp +,-,*,/ or %: %
结果为: 21%4=1
Input  opp +,-,*,/ or %: ^z
```

结果为：sorry, you input the error opp!

请按任意键继续...

5.5　实验总结

本章实验主要巩固了选择结构中 if 语句的一般形式，练习了 if 语句单分支、双分支和多分支的应用，对解决多分支的 switch 语句与 break 的语句应用做了练习，对选择结构嵌套做了叙述，并结合下一章"循环结构"的内容做了多种运算符的计算公式实验。

第6章
循环结构

6.1 实验知识

6.1.1 while 语句

while 语句的一般形式为：

```
while(expression)
{
循环体语句；
循环变量增幅；
}
```

while 语句解析如下。

（1）首先判断条件 expression 是否成立。如果成立则执行循环体语句；如果不成立则退出循环，执行循环体外的其他语句。

（2）循环体语句是否执行取决于 while 后的条件 expression 是否成立，循环体语句可能执行、也可能一次也不执行。

（3）while 循环语句的一个显著特点是先判断后执行。

（4）起始条件、循环条件、循环变量增值和循环体语句是循环结构四要素。

【说明】

（1）循环体语句可以是任意类型的 C 语句。

（2）循环条件可以是任意表达式，只要表达式的值能确定逻辑结果（真/假）即可。

（3）while 循环结构中循环条件的目的是控制循环结束，如果程序执行过程中一直不能结束循环，则循环结构会陷入无限循环（也称为死循环），如 while（1）等。

（4）循环语句可以只有一条语句，也可以为多条语句循环；当多条语句循环时，使用{}成为复合语句；如果没有{}，则以语句的结束符第一个分号作为结束符。

（5）下列条件会导致退出 while 循环：①循环表达式不成立；②循环体内出现并执行了 break 或 return 语句。

（6）while 语句可以由多层循环语句组成循环嵌套。

6.1.2　do–while 语句

do-while 语句是另外一种实现循环结构的语句，一般形式为：

```
do
{
循环体语句组;
循环变量增幅;
}
 while(expression);
```

do-while 语句执行过程如下。

语句的执行过程是先执行一次 do 后面的循环体语句，不管 while 条件是否成立。执行完一次循环体语句后再对 while 的循环条件进行计算，如果 while 之后的循环条件成立，则继续执行循环体语句，如此反复，直到 while 后的循环条件为假（false，零值）时，循环结束。

【说明】

（1）do-while 语句与 while 语句相比，至少能够执行一次循环语句。

（2）do-while 语句的典型特点是：先执行语句，后判断条件。

（3）do-while 语句比 while 语句在条件判断后多了一个分号 ";"。

（4）do-while 语句可以组成多重循环，也可以和 while 语句互相嵌套。

（5）在 do-while 之间的循环体由多个语句组成时，用{}将多个语句括起来组成一个复合语句。

（6）do-while 和 while 语句互相替换时，要注意循环控制条件。

6.1.3　for 语句

for 语句的一般形式：

```
for([起始条件] ;[循环条件] ;[ 循环变量增幅])
        循环体语句;
```

for 循环语句的执行过程如下。

（1）先对起始条件进行赋值判断。

（2）如果循环条件其值为真（true，非零），则执行后续的循环体语句；否则，如果循环条件为假（false，零值），则退出循环体语句，结束循环。

（3）执行循环变量增幅语句，实现循环变量的变化。

（4）转向（2）步，再次判断循环条件是否成立；重复执行（2）和（3）步。

（5）循环套件不成立，循环结束，执行 for 循环结构外的语句。

【说明】

（1）for 语句一般形式的（）内的两个分号必不可少。第一个分号前是起始条件；第二个分号前是循环控制条件，分号后是循环变量增幅；循环变量增幅后并没有分号 ";"。

（2）起始条件可以有多个初始值，如果有多个初始值，用逗号 ","分开；当然初始条件的位置也可以在 for 语句之前。

（3）循环条件的类型为任意类型，但需要能够判断真假；如果循环条件恒真，则 for 循环进入无限循环（也称死循环）。在 Visual C++6.0 中结束无限循环需要启动任务管理器，关闭进入无限循环的应用程序。

（4）循环变量增幅：循环变量的增值可以放在（ ）内，也可以跟循环体语句放在一起；循环变量增幅可以为多个变量；如果（ ）内存在多个循环变量，每个循环变量增幅用逗号"，"分隔开。

（5）循环体语句可以只有一条语句，也可以由多条组成复合语句。

（6）for 语句与 while、do-while 语句也可互相转换。

6.1.4　循环状态控制

1. break 语句

break 语句应用在循环语句中，作用是从循环体语句内跳出循环体，提前结束终止循环，转而执行终止的循环体结构外的下一条语句。

break 语句的一般形式：

break；

break 语句的功能是彻底终止本层循环。

2. continue 语句

continue 的一般形式是：

continue；

continue 语句的作用是结束本次循环，即跳过本次循环体中 continue 后尚未执行的语句，接着进入下一次循环是否执行的判定。

continue 语句与 break 语句有很大的不同：其一，continue 只能用于循环语句，而 break 既可以应用于循环结构，还可以应用于 switch 语句；其二，continue 只能终止本次循环（某一次）而不能终止整个循环的执行，而 break 语句则是结束整个循环过程，不再判断本层循环条件，也不再执行本层后续循环体语句。

6.2　实验要求

本章实验要求如下。

（1）熟练掌握 while、do-while、for 语句实现循环的方法。

（2）了解 3 种循环语句的区别和转换，以及循环嵌套的使用。

（3）掌握如何在循环语句中使用循环控制语句 break 和 continue 改变程序流程。

（4）掌握在程序设计中用循环的方法实现各种算法。

6.3　实验内容

6.3.1　使用 while 语句编写程序

从键盘上连续输入多个学生的成绩分数，当输入 - 1 时输入结束。编写程序统计输入成绩中有效成绩（0～100）的个数、最高成绩、最低成绩和平均成绩。

1. 实验目的

（1）本实验旨在巩固学生对 while 循环语句的使用，尤其是在未知循环次数的情况下控制循环条件。

（2）本实验旨在考查学生在未知循环次数的情况下实现计数。

（3）本实验旨在考查学生对编程的掌握。

2. 实验方式

本实验采用一人一机的方式进行。

3. 实验步骤

（1）连续输入多个学生成绩，使用循环；未知循环次数，使用 while 循环（本次实验不用 do-while）。

（2）最高分和最低分的统计，分别比较各个学生的成绩并求解。

（3）计算所有学生成绩的总分和统计学生总人数后可直接计算平均分。

（4）正确理解循环结构的四要素的循环条件，其结束条件为-1；而成绩高于 100 分或低于 0 分，均为无效成绩，无需计数。

4. 实验程序

```
#include "stdio.h"
void main()
{
    int score,max,min,i=0;
     float sum=0.0,average;
    printf("请输入学生成绩: \n");
    scanf("%d",&score);
    _____      // 初始化变量 max,min
    _____       // 循环判断条件
    {
        if(score>=0&&score<=100)
        {
        sum=sum+score;
        _____   // 对学生人数 i 进行计数
        if(max<score) max=score;
        if(min>score) min=score;
      }
        scanf("%d",&score);
    }
    _____          //计算平均分
    printf("max=%d,min=%d\n",max,min);
    printf("有效成绩共%d个学生, 平均分为: %f\n",i,average);
}
```

5. 实验结果

请输入学生成绩:

100
90
42
-48
88
-1

输出结果:

max=100,min=42
有效成绩共 4 个学生，平均分为：80.000000

6. 实验总结

（1）循环条件四要素使用前要先赋初值，包含最大值 max 和最小值 min。

（2）循环条件与结束条件相反，需要正确区分与设置。

（3）学生人数的统计可以在输入有效学生成绩时进行计数。

7. 实验延伸

当减少一个变量如 sum 或 average 时，如何修改程序用来计算平均值？

如果第一个输入的成绩是-1，怎么修改保证程序正确？

6.3.2　使用 do-while 语句编写程序

编写程序输出所有水仙花数，并统计水仙花数的个数，其中水仙花数是一个 3 位数的自然数，该数各位数的立方和等于该数本身，如 153 为水仙花数，$1^3+5^3+3^3 = 153$。

1. 实验目的

（1）本实验旨在巩固学生对 do-while 循环语句的使用，尤其是在未知循环次数的情况下控制循环语句。

（2）本实验考查学生对编程的掌握。

2. 实验方式

本实验采用一人一机的方式进行。

3. 实验步骤

（1）水仙花数是一个 3 位自然数，范围在 100～999。

（2）水仙花数的条件是各个位数的立方和等于该数本身，所以需要先求各个位数的数值。

（3）水仙花数需要满足条件，所以程序中要有条件的体现。

（4）水仙花数的有效计数从满足水仙花数的条件开始。

4. 实验程序

```
#include"stdio.h"
void main()
{
    int a,b,c;
    int count=0;
    int m=100;
    printf("100～999的水仙花数为：");
    do
    {
        _____    //计算百位数赋值a
        _____    //计算十位数赋值b
        c=m%10;
        _____    //   输出水仙花数并计数
        m++;
    }while(m<1000);
    printf("\n100～999的水仙花数共%d个\n",count);
}
```

5. 实验结果

100～999 的水仙花为：　　153　370　371　407

100～999 的水仙花数共 4 个

6. 实验总结

（1）a*a*a 可以使用数学函数 pow(a,3) 表示，不过需要头预处理文件 #include "math.h"。

（2）水仙花数的判定条件使用 if 语句实现，不能写成赋值语句。

7. 实验延伸

可以转换为 while 结构实现。

6.3.3 使用 for 语句编写程序

数列前几项为 1，1+2，1+2+3，…编写一个程序，计算数列中前 n 项的值。

1. 实验目的

（1）本实验旨在巩固学生对 for 循环语句的使用，更多地在已知循环次数的情况下使用。

（2）本实验旨在考查学生对编程的掌握。

（3）本实验可进一步巩固学生掌握循环四要素。

2. 实验方式

本实验采用一人一机的方式进行。

3. 实验步骤

（1）从键盘上输入正整数 n，计算第 n 项数列的第 n 项 1+2+3+…+n。

（2）从键盘上输入 n 值后，用一个 for 循环来计算每一项的值，然后输出。

4. 实验程序

```
#include "stdio.h"
void main()
{
    int i,n,sum=0;
    printf("请输入一个数，计算前几项的值：");
    scanf("%d",&n);
    printf("前 10 项的值：",n);
    for(i=1;i<=n;i++)
    {
        sum=sum+i;    //求和
        printf("%d  ",sum);
    }
    printf("\n");
}
```

5. 实验结果

请输入一个数，计算前几项的值：10

前 10 项的值：1 3 6 10 15 21 28 36 45 55

6. 实验总结

本实验计算数列中第 n 项为 1+2+3+…+（n-1）+n，可看作级数求和 $\sum_{i=1}^{n} i$。

6.3.4 循环嵌套

编写一个程序，求数列 1!-3!+5!-7!+...+$(-1)^{n-1}(2n-1)!$，n 的值由键盘录入。

1. 实验目的

（1）本实验旨在考查学生对编程概念的理解。

（2）本实验旨在巩固学生对 for 语句的使用。

（3）本实验旨在考查学生对循环嵌套的应用。

2. 实验方式

本实验采用一人一机的方式进行。

3. 实验步骤

（1）数列前 *n* 项和，*n* 从键盘输入。

（2）使用内外两层循环实现。

（3）数列中的任意项都有符号（正负号），先求阶乘再求和。

（4）对最终的数列和使用正确的数据类型存储。

4. 实验程序

```c
#include "stdio.h"
void main()
{
    int i,j,n,flag=1;
    long fact,sum=0;
    printf("请输入一个数，计算前几项的值：");
    scanf("%d",&n);
    printf("前%d项和为：",n);
    for(i=1;i<=2*n-1;i=i+2)
    {
        fact=1;
        for(j=1;j<=i;j++)
            fact=fact*j;       //计算阶乘
        sum=sum+fact*flag; //求阶乘和
        flag=-flag;
    }
    printf("%ld  ",sum);
    printf("\n");
}
```

5. 实验结果

请输入一个数，计算前几项的值：5

前 5 项和为：357955

6. 实验总结

数据的输入与输出的结果与数据类型的定义至关重要，可以自行实验定义错误的类型，并分析实验结果。

6.3.5 使用 for 循环打印二维几何图案

使用 for 循环语句，打印以下二维图案。

```
   *
  ***
 *****
*******
 *****
  ***
   *
```

1. 实验目的

（1）本实验旨在巩固学生 for 循环语句的使用，尤其是打印二维几何图案。

（2）本实验旨在考查学生对多层循环的掌握，尤其是不同级的变量。

（3）本实验旨在考查学生对二维几何图案规律的掌握。

2. 实验方式

本实验采用一人一机的方式进行。

3. 实验步骤

（1）二维几何有规律的图案输出使用 for 循环语句，而且至少二层循环。

（2）对不同级的变量必须不同。

（3）图案可整体输出，也可分部输出然后组合起来。

4. 实验程序

```
#include "stdio.h"
void main()
{
    int i,j,k;
    for(i=1;i<=4;i++)    //先计算前4行
    {
        for(j=1;j<=5-i;j++)
            printf(" ");    //每行既需要打印*号，还需要打印空格
        for(j=1;j<=2*i-1;j++)
            printf("*");
        printf("\n");    //每行结束后换行
    }
    for(i=5;i<=7;i++)
    {
        for(j=1;j<=i-3;j++)
            printf(" ");
        for(k=1;k<=15-2*i;k++)
            printf("*");
        printf("\n");
    }
}
```

5. 实验结果

见题目。

6. 实验总结

（1）对 1~4 行打印结束后，剩下的 3 行可以重新计算为 1~3 行，也可以计算为 5~7 行。

（2）对*号输出前的空格数的输出，是可以调整个数的，如 1~4 行可以使用以下程序。

```
for(i=1;i<=4;i++)
{
    for(j=1;j<=20-i;j++)//此处，由原来的j<=5-i;变成j<=20-i;，则随后的5~7行如何变化？
        printf(" ");
    for(j=1;j<=2*i-1;j++)
        printf("*");
    printf("\n");
}
```

7. 实验延伸

可上网查找其他有规律的二维几何图案，编写程序打印出来。

6.4　综合实例

（1）编写程序，求 $S_n=a+aa+aaa+...+aa...aa$ 的值，其中 a 是一个数字，最后一项由 n 个 a 组成，如 $a=2$，$n=5$，则 $S_5=2+22+222+2222+22222$。

① 实验步骤。

分析任意一项如 t=aa，则下一项 aaa 可以认为是 aa*10+a 得到，规律为：t=t*10+a。

② 实验程序。

```c
#include "stdio.h"
void main()
{
    int a,n,i,t;
    long sum=0;
    printf("请输入重复的数字a：");
    scanf("%d",&a);
    printf("请输入数字最高重复次数n：");
    scanf("%d",&n);
    t=a;
    for(i=1;i<=n;i++)
    {
    sum=sum+t;
    t=t*10+a;
    }
    printf("您的输入是a=%d,n=%d,结果为：",a,n);
    printf("sum=%ld\n",sum);
}
```

③ 实验结果。

请输入重复的数字 a：3。

请输入数字最高重复次数 n：6

输出结果：

您的输入是 a=3,n=6，结果为：sum=370368

（2）编写程序，计算数列 $\frac{1}{2},\frac{2}{3},\frac{3}{5},\frac{5}{8},\frac{8}{13},\frac{13}{21}$，…，计算数列的前 20 项的和。

① 实验步骤。

a. 数列的规律可以分子分母分开，初始值分子变量 $m=1$，分母变量 $n=2$，下一项的分子为前一项的分母，而分母是前一项分子与分母之和（实际上分子、分母均为 Fibonacci 数列）。

b. 求和可以参考级数求和规律 sum=sum+t，其中变量 t=m/n。

c. 求前 20 项的和，有限次循环，使用 for 循环比较方便。

② 实验程序。

```c
#include "stdio.h"
#define N 20
```

```
void main()
{
    int i;
    float m=1.0,n=2.0,t,p;
    double sum=0.0;
    t=m/n;
    for(i=1;i<=N;i++)
    {
        sum=sum+t;
        p=m+n;
        m=n;
        n=p;
        t=m/n;
    }
    printf("前20项的结果为：%lf\n",sum);
}
```

③ 实验结果。

前20项的结果为：12.278295。

（3）编写程序，输出100以内（不含100）不能被3整除且个位数为6的所有整数。

① 实验步骤。

a. 对任意整数来说，个位数为6的整数可以写成10*i+6，其中i为整数即可。

b. 不能被3整除的整数m，满足条件if(m%3!=0)。

② 实验程序。

```
#include "stdio.h"
void main()
{
    int i,m;
    printf("100以内不能被3整除，个位数为6的整数：");
    for(i=0;i<10;i++)
    {
        m=10*i+6;
        if(m%3!=0)
            printf("%d  ",m);
    }
    printf("\n");
}
```

③ 实验结果。

输出结果：

100以内不能被3整除，个位数为6的整数：16 26 46 56 76 86

④ 实验总结。

除了参考程序外，还可以充分利用continue实现，部分关键程序如下。

```
for(i=0;i<10;i++)
{
    m=10*i+6;
    if(m%3==0) continue;
        printf("%d  ",m);
}
```

（4）编写程序实现"百马百担"问题。有100匹马，要驮100担货物，其中1匹大马可以驮

3 担，1 匹中马可以驮 2 担，2 匹小马可以驮 1 担，请问大马、中马和小马可以有多少种组合。

① 实验步骤。

a. 统计共有多少种驮法，找到大马、中马和小马所满足的关系式，统计所有的解的个数。

b. 设有 3 个整型变量 m、n 和 k 用于记录大马、中马和小马的匹数，用嵌套 for 循环实现求大马、中马、小马的匹数。

c. 在满足三者之间的关系式时，用 sum 记录以上解的个数。

② 实验程序。

```
#include "stdio.h"
void main()
{
    int m,n,k;
    int sum=0;
    for(m=0;m<=100;m++)
        for(n=0;n<=100-m;n++)
        {
            k=100-m-n;
            if(k%2==0&&3*m+2*n+k/2==100)
            {
                printf("大马%d匹, 中马%d匹, 小马%d匹\n",m,n,k);
                sum++;
            }
        }
    printf("共有%d种驮法组合\n",sum);
    printf("\n");
}
```

③ 实验结果。

输出结果：

大马 2 匹，中马 30 匹，小马 68 匹

大马 5 匹，中马 25 匹，小马 70 匹

大马 8 匹，中马 20 匹，小马 72 匹

大马 11 匹，中马 15 匹，小马 74 匹

大马 14 匹，中马 10 匹，小马 76 匹

大马 17 匹，中马 5 匹，小马 78 匹

大马 20 匹，中马 0 匹，小马 80 匹

共有 7 种驮法组合

④ 实验延伸。

如果主程序段修改成三层循环，那么该如何实现？请补充后续程序。

```
for(m=0;m<=100;m++)
        for(n=0;n<=100-m;n++)
                for(k=0;k<=100;k++)
    ...
```

（5）编写程序，用迭代法求 $x = \sqrt{a}$，求平方根的迭代公式为 $x_{n+1} = \dfrac{1}{2}\left(x_n + \dfrac{a}{x_n}\right)$，要求前后两次求出的 x 的差的绝对值小于 10^{-5}。

①实验解析与步骤。

a. 设定一个 x 的初始值 x_0，用迭代公式计算 x 的下一个值 x_1。

b. 再将计算出的 x_1 代入公式右侧的 x_n，计算下一个值 x_2。

c. 一直重复执行下去，直到前后两次求出的 x 值（x_n 和 x_{n+1}）满足以下关系 $|x_{n+1} - x_n| < 10^{-5}$，结束。

② 实验程序。

```
#include "stdio.h"
#include "math.h"
void main()
{
    float a,x0,x1;
    printf("请输入计算平方根的数（>=0）: ");
    scanf("%f",&a);
    x0=a/2;
    x1=(x0+a/x0)/2;
    do
    {
        x0=x1;
        x1=(x0+a/x0)/2;
    }while(fabs(x1-x0)>=1e-5);
    printf("您输入的数为: %f,其平方根为%lf\n",a,x1);
}
```

③ 实验结果。

输出结果：

请输入计算平方根的数（>=0）：6

您输入的数为：6.000000，其平方根为 2.449490

6.5　实验总结

本章实验主要使用了循环结构求解数学问题、打印几何图案以及解决生活中常见的规律问题。本章实验从理论上到应用上，都要熟悉循环结构的四要素，熟悉 while、do-while 和 for 循环的一般形式，掌握循环控制语句 break 和 continue 的应用，能够熟练应用流程图和循环结构，从而能够进一步巩固 C 语言编程思想，熟悉编程流程。

6.6　实验参考答案

6.3.1　参考答案

```
max=min=score;        // 初始化变量 max,min
while(score!=-1)      // 循环判断条件
i++;                  // 对学生人数 i 进行计数
average=sum*1.0/i;    //计算平均分
```

6.3.2　参考答案

```
a=m/100;
b=(m-100*a)/10;  //计算十位数赋值 b
if(a*a*a+b*b*b+c*c*c==m)  {printf("%5d",m);count++;}    //输出水仙花数并计数
```

第7章
数组

7.1　实验知识

7.1.1　一维数组

1．一维数组的定义

格式如下。

[存储类型] 数据类型 数组名1[长度1],数组名2[长度2],…;

格式解析如下。

（1）数组元素个数只能是静态固定值，不能是动态变量。

（2）数据类型任意。

（3）数组名必须是合法的标识符。

（4）方括号内的下标称为数据元素个数，也称为数组长度；数组元素的下标是从0开始的，并且下标必须是整数类型或表达式。

（5）定义的数组元素在内存中是按顺序连续存放的，占用的存储空间大小为所有元素占用内存大小的总和。

2．一维数组初始化

在定义数组时对各元素指定初始值，称为数组的初始化。

格式如下。

数据类型 数组名[数组元素个数]={初始值列表};

一维数组初始化的分类如下。

（1）数组全部赋初值。

（2）当数组元素赋初值个数等于数组长度时，可不指定数组长度。

（3）数组不初始化，其元素值为随机数；但如果定义数组类型前有 static 时，其数组元素可以不赋初值，系统默认为0值。

（4）部分赋初值。当定义的数组部分元素赋初值，也就是初始列表值的个数少于数组定义的长度，则按照从前至后的原则顺序对数组元素赋初值，缺少的数组元素初始值为0。

（5）当赋值数组个数大于数组长度，则此赋值为"Error"。

3. 一维数组的引用

格式如下。

数组名[下标]

（1）下标是从 0 开始的，并且下标必须是整数数据类型，但可以是单个变量、常量或表达式。

（2）下标的值不能越界，C 程序并不检测数组的"越界"。

（3）数组元素的引用只能单个引用，不能一次性引用整个数组，尤其不能用数组名代替数组中的全部元素。

7.1.2 二维数组及多维数组

1. 二维与多维数组的定义

[存储类型]　数据类型 数组名[常数1][常数2]；

[存储类型]　数据类型 数组名[常数1][常数2]…[常数K]；

（1）二维数组中常数 1 表示二维数组的行数，常数 2 表示二维数组的列数。二维数组的元素个数=行数×列数。

（2）数组元素的存放顺序是按行优先，如果是多维数组，那么其最右下标必然变化最快。

（3）多维数组的下标也是从 0 开始。

2. 二维数组的初始化规则

（1）二维数组的初始化可以分行初始化，也可以按元素排列顺序初始化。

（2）二维数组可全部元素初始化，也可部分元素初始化。

（3）二维数组初始化时允许第一维长度省略。

3. 二维数组元素的引用形式

引用形式如下。

数组名[下标][下标]

二维数组元素的下标从 0 开始，并且必须是整数类型，可以是常数、变量或表达式。

7.1.3 字符数组与字符串

1. 字符数组

用来存放字符数据的数组称为字符数组。字符数组不但可以存放字符，还可以存放字符串。用双引号（""）括起来的若干个有效字符的序列称为字符串。把字符串存放到字符数组中，与把单个字符存放到字符数组是存在不同的。字符串以 '\0' 作为结束标记。

一维字符数组的定义格式：字符数据类型 字符数组名[常数]；

二维字符数组的定义格式：字符数组类型 字符数组名[常数 1][常数 2]；

多维字符数组的定义格式：字符数组类型 字符数组名[长度 1][长度 2]...[长度 K]；

2. 字符数组的初始化

字符数组初始化可以使用单撇号逐个为数组中各元素指定初始字符初始化，也用双撇号括起一个字符串来对字符数组指定初值。在初始化一个一维字符数组时，可以省略字符串常量外的花括号。

（1）对字符数组的初始化，最容易理解也最不容易出错的方式是逐个字符赋值给各元素。

（2）如果引用字符数组前没有对定义的字符数组赋初值，那么字符数组中的值将不可预料。

（3）如果在定义字符数组并赋初值的过程中，提供的字符个数大于数组长度，按语法错误处理。

（4）如果赋初值的字符数小于字符长度，则按先后顺序把字符赋值给前面的数组元素，剩余的数组元素自动加空字符（即 '\0'）。

（5）如果提供的初始字符个数与预定的字符数组长度相同，则定义时可以省略数组长度，系统根据初始值个数自动确认数组长度。

（6）对字符数组的赋值，可以使用赋值语句或键盘上输入的方式赋初值。

（7）相同类型的字符数组不可以直接互相赋值。

3. 字符数组的引用形式

数组名 [下标1][下标2]…[下标 n]

7.1.4　常用的字符串处理函数

1. 字符串输入的 3 种方式

（1）利用 scanf 函数和 "%c" 格式符实现逐个输入字符。

（2）利用 scanf 函数和 "%s" 格式符实现整个字符串（不含空格）的一次输入。

（3）利用 gets 函数实现整个字符串（包含空格）的一次输入。

2. 字符串输出的 3 种方式

（1）利用 printf 函数和 "%c" 格式符实现逐个输出字符。

（2）利用 printf 函数和 "%s" 格式符实现整个字符串的一次输出。

（3）利用 puts 函数实现整个字符串的一次输出。

3. 其他字符串函数

（1）字符串连接函数 strcat，其一般格式为：strcat（字符数组 1,字符数组 2）

其功能是连接两个字符串，把字符数组 2 连到字符数组 1 后面，函数调用结束后返回的函数值为字符数组 1 的首地址。

（2）字符串拷贝函数 strcpy，其一般格式为：strcpy（字符数组 1,字符串 2）

其功能是将字符串 2 拷贝到字符数组 1 中去。当然与 strcat 函数一样，字符数组 1 要足够大，能够容纳被赋值的字符串 2。

（3）字符串比较函数 strcmp，其一般格式为：strcmp（字符串 1,字符串 2）

其功能是比较两个字符串，比较规则如下：对两字符串从左向右按 ASCII 码值大小逐个字符进行比较，直到遇到不同字符或 '\0' 为止，返回 int 型整数值。如果字符串 1 与字符串 2 的字符全部相同，则认为相等（0）；如果字符串 1 与字符串 2 不相同，则以第一个不相同的字符比较结果为准。

（4）字符串长度测试函数 strlen，其一般格式为：strlen（字符数组）

其功能是测试计算字符串长度，函数的返回值是字符串的实际长度，不包括 '\0' 在内。当字符串测试长度函数可以对字符数组测试，也可以对字符串常量进行测试。

7.2　实验要求

（1）掌握一维和多维数组的定义和数组元素的引用方法。

（2）了解一维和多维数组的初始化方法。

（3）学习一维和多维数组的基本用法和应用实例。

（4）掌握字符数组的定义、初始化方法及其元素的引用方法。

（5）掌握 C 语言提供的对字符串进行处理的基本库函数。

7.3 实验内容

7.3.1 一维数组的应用

利用随机函数生成 10 个整数存放到一维数组中，使用冒泡排序算法按照从小到大的顺序把这 10 个数排序并输出到屏幕上。

1. 实验目的

（1）本实验旨在巩固学生对一维数组结构的理解，增强程序设计能力和利用一维数组解决实际问题能力。

（2）本实验旨在考查学生对一维整型数组的定义和赋值。

（3）本实验可以利用系统提供的随机函数产生随机整数。

（4）本实验旨在考查学生对数组数据的输入/出掌握，输入/出均使用循环语句。

（5）本实验为后续章节的函数学习做铺垫，后续章节可把冒泡排序算法单独定义为函数。

2. 实验方式

本实验采用一人一机的方式进行。

3. 实验步骤

产生一个 X～Y 之间随机整数的流程：先调用函数 srand((unsigned)time(NULL))产生随机种子，然后调用函数 rand()产生随机数 n，公式为 n=rand()%(Y−X+1)+X。

排序算法选用冒泡排序算法。冒泡排序算法是指相邻两个元素进行比较，如 a[i]与 a[i+1]或 a[i−1]与 a[i]，需要注意数组元素下标，防止越界。

每排序结束一次后，把排序后的数组元素输出。

4. 实验程序

```c
#include"stdio.h"
#include"stdlib.h"
#include"time.h"
#define N 10
void main( )
{
    int i,j,t,data[N];
    srand(time(NULL));
    //随机产生10个整数
    for(i=0;i<N;i++)
        data[i]=rand()%100;
    //输出随机产生的整数
    printf("输出随机产生的整数: ");
    for(i=0;i<N;i++)
        printf("%d  ",data[i]);
    printf("\n");
    //冒泡排序算法
    for(i=0;i<N-1;i++)
```

```
{
    for(j=0;j<N-1-i;j++)
        if(data[j]>data[j+1]) {t=data[j];data[j]=data[j+1];data[j+1]=t;}
    //一次排序后的结果
    printf("第%d次排序后的结果: ",i+1);
  for(j=0;j<N;j++)
        printf("%d ",data[j]);
    printf("\n");
}
//输出排序后的数组
printf("排序后的整数数组:");
for(i=0;i<N;i++)
    printf("%d ",data[i]);
printf("\n");
}
```

5. 实验结果

随机产生的整数数组为：23　24　44　37　77　94　79　15　16　84

第1次排序结果：23　24　37　44　77　79　15　16　84　94

第2次排序结果：23　24　37　44　77　15　16　79　84　94

第3次排序结果：23　24　37　44　15　16　77　79　84　94

第4次排序结果：23　24　37　15　16　44　77　79　84　94

第5次排序结果：23　24　15　16　37　44　77　79　84　94

第6次排序结果：23　15　16　24　37　44　77　79　84　94

第7次排序结果：15　16　23　24　37　44　77　79　84　94

第8次排序结果：15　16　23　24　37　44　77　79　84　94

第9次排序结果：15　16　23　24　37　44　77　79　84　94

排序后的整数数组:15　16　23　24　37　44　77　79　84　94

6. 实验总结

（1）一维数组的数组长度定义是常量、定值，不能是变量。

（2）为更方便、灵活地使用一维数组，可以定义数组长度为全局变量或定义数组为全局数组。

7. 实验延伸

（1）一维数组的排序可以延伸其他排序算法，如选择排序算法等。

（2）一维数组的排序可以使用函数实现，main函数调用排序函数即可，如：

```
#include"stdio.h"
#include"stdlib.h"
#include"time.h"
#define N 10
void main( )
{
    void sorted(int a[N]);
    int i,data[N];
    srand(time(NULL));
    //随机产生10个整数
    for(i=0;i<N;i++)
        data[i]=rand()%100;
    //输出随机产生的整数
```

```
    printf("输出随机产生的整数: ");
    for(i=0;i<N;i++)
        printf("%d  ",data[i]);
    printf("\n");
    //调用排序函数
    sorted(data);
    //输出排序后的数组
    printf("输出排序后的整数数组:");
    for(i=0;i<N;i++)
        printf("%d  ",data[i]);
    printf("\n");
}
void sorted(int a[N])
{
    int i,j,t;
    //冒泡排序算法排序
    for(i=0;i<N-1;i++)
    {
        for(j=0;j<N-1-i;j++)
            if(a[j]>a[j+1]) {t=a[j];a[j]=a[j+1];a[j+1]=t;}
        //一次排序后的结果
        printf("第%d次排序后的结果: ",i+1);
        for(j=0;j<N;j++)
            printf("%d  ",a[j]);
        printf("\n");
    }
}
```

7.3.2　二维数组的应用

请把实验程序填写完整，计算一个 4×4 矩阵的对角线元素之和。

1.　实验目的

（1）本实验旨在巩固学生对二维数组数据结构的理解，增强程序设计能力。

（2）本实验旨在考查二维数组的定义和赋值。

（3）本实验旨在考查循环在二维数组的应用。

（4）本实验旨在考查二维数组的矩阵输出。

2.　实验方式

本实验采用一人一机的方式进行。

3.　实验步骤

（1）矩阵的存储可以使用二维数组。

（2）二维数组的访问使用两层循环实现。

（3）二维数组的数组元素下标从 0 开始。

（4）二维数组的矩阵形式的输出可加换行实现。

（5）对角线包含主对角线和从对角线。

4.　实验程序

```
#include"stdio.h"
void main( )
```

```
{
    int i,j,a[4][4],sum=0;
    printf("请输入 4*4 的矩阵:\n");
    for(i=0;i<4;i++)
        for(j=0;j<4;j++)
            scanf("%d",&a[i][j]);
    for(i=0;i<4;i++)
        for(j=0;j<4;j++)

        _____          //求对角线元素和

    printf("输出对角线的元素和: ");
    printf("sum=%d",sum);
    printf("\n");
}
```

5. 实验结果

请输入 4×4 的矩阵：

```
22 33 44 55
41 45 67 81
98 65 24 48
77 92 75 88
```

输出对角线的元素和：sum=443

6. 实验总结

（1）二维数组的输出/输入至少使用内外两层循环实现。

（2）4×4 矩阵，其主对角线元素 a[i][j]关系为 i==j，从对角线元素 a[i][j]关系为 i+j==3。

7. 实验延伸

（1）如果矩阵为奇数阵如 5×5，其对角关系如何？

（2）如何实现其他矩阵的运算，如矩阵加法、乘法等。

7.3.3 字符数组与字符串的应用

把实验程序补充完整，判断某一字符串是不是"回文数"，回文数是指从左至右或从右至左读起来都是一样的字符串。

1. 实验目的

（1）本实验旨在巩固学生对字符数组结构的理解，增强程序设计能力。

（2）本实验旨在巩固学生对字符数组输入的掌握，字符数组数组输入可以用 scanf()函数也可以使用 gets 实现。

（3）本实验旨在考查多种字符串处理函数的综合应用。

2. 实验方式

本实验采用一人一机的方式进行。

3. 实验解析与步骤

（1）回文数的判断只要循环进行字符串长度的一半（len/2）次就可以了。

（2）回文数的条件是字符串中第一个字符与最后一个字符相等，第二个字符与倒数第二个字符相等……其算法为将 str[i]与 str[len-1-i]进行比较。

（3）字符串不满足回文数条件的可使用 break 语句直接退出；否则该字符串是回文数。

4. 实验程序

```
#include<stdio.h>
#include<string.h>
#define N 40
void main( )
{   char str[N],ch='Y';
    int i;
    int len;
    printf("Input a string:");
    scanf("%s",str);        //也可用其他输入格式如 gets(str);
    _____    //测试字符数组长度赋值给 len
    _____    //循环条件
    _____    //判读是否回文数
      {
          ch='N';
        break;
      }
      if(ch=='Y')
        printf("%s 是一个回文数\n",str);
      else
        printf("%s 不是一个回文数\n",str);
}
```

5. 实验结果

（1）

```
Input a string:abcd1221dcba
abcd1221dcba 是一个回文数
```

（2）

```
Input a string:abc3cba
abc3cba 是一个回文数
```

（3）

```
Input a string:abc3bca
abc3bca 不是一个回文数
```

6. 实验总结

（1）回文数的判断可以使用反证法实现。

（2）一旦不满足回文数条件即可用 break 终止。

（3）测试时多数据测试；字符的比较使用 ASCII 码进行。

7. 实验延伸

对字符串的输入，可以使用 scanf，也可以使用 gets，注意两种输入的不同。

7.3.4　字符串常用函数的应用

1. 实验目的

本实验旨在巩固和练习字符串函数的应用,包含字符串链接函数 strcat、字符串拷贝函数 strcpy 和 strncpy、字符串比较函数 strcmp 以及字符串长度测试函数 strlen 等。

2. 实验方式

本实验采用一人一机的方式进行。

3. 实验程序

运行以下程序，分析程序结果，熟练掌握 C 语言程序中的字符串处理函数。

```
#include"stdio.h"
#include"string.h"
void main( )
{
    char s1[40]="university",s2[20]="qingdao";
    char ch11[40]="technology",ch22[20]="xinxi";
    char str11[40]=" shandong",str22[20]="china ";
    printf("测试的字符串 s1 为：");
    puts(s1);
    printf("测试的字符串 s2 为：");
    puts(s2);
    printf("字符串 s1 长度为：%d\n",strlen(s1));
    printf("字符串 s2 长度为：%d\n",strlen(s2));
    printf("s1 与 s2 比较的结果：");
    printf("%d\n",strcmp(s1,s2));
    printf("s2 连接 s1 的结果：");
    puts(strcat(s1,s2));
    printf("ch22 拷贝到 ch11 的结果：");
    puts(strcpy(ch11,ch22));
    printf("拷贝 str22 中 4 个字符到 str11 的结果：");
    puts(strncpy(str11,str22,4));

}
```

4. 实验结果

测试的字符串 s1 为：university

测试的字符串 s2 为：qingdao

字符串 s1 长度为：10

字符串 s2 长度为：7

s1 与 s2 比较的结果：1

s2 连接 s1 的结果：universityqingdao

ch22 拷贝到 ch11 的结果：xinxi

拷贝 str11 中 4 个字符到 str22 的结果：chindong

5. 实验总结

（1）字符串比较结果为 1，即 if(strcmp(s1,s2)==1)指字符串 s1 大于字符串 s2。

（2）字符串处理函数的应用需要有#include "string.h"。

6. 实验延伸

自行编写函数实现常用字符串函数的功能。

7.4   综合实例

（1）编写程序对已排序的数组实现数组新元素的插入。

在已经排序完成的数组中插入一个整数 x，要求插入的数仍然以原来的排序不变插入数组。

分析：在数组 a 中，对新输入的整数 x，if(a[0]<x)则 x 放置在 a[0]的位置；否则搜索比较，如果 x 在 a[i]和 a[i+1]之间，则 a[i+1]=x，其后的数据向后移动；如果(a[N-2]<x)，则 a[N-1]=x。

参考程序如下。

```
#include"stdio.h"
#define N 11
void main( )
{
    int x,i,j,a[N];
    //初始化数组
    for(i=0;i<10;i++)
        a[i]=2*i+2;
    printf("初始数组为: ");
    for(i=0;i<N;i++)
        printf("%d ",a[i]);
    printf("\n");
    printf("请输入要插入的整数 x: ");
    scanf("%d",&x);
    if(a[0]>x)
    {
        for(j=10;j>0;j--)
            a[j]=a[j-1];
        a[0]=x;
    }
    elseif(a[9]<x) a[10]=x;
    else
    {
        for(i=0;i<10;i++)
        if(a[i]<=x&&a[i+1]>=x)
        {
            for(j=10;j>i;j--)
                a[j]=a[j-1];
            break;
        }
        a[i+1]=x;;
    }
    printf("插入%d 后的数组为: ",x);
    for(i=0;i<N;i++)
        printf("%d ",a[i]);
    printf("\n");
}
```

程序调试如下。

①

初始数组为：2 4 6 8 10 12 14 16 18 20 −858993460

请输入要插入的整数 x：1

插入 1 后的数组为：1 2 4 6 8 10 12 14 16 18 20

②

初始数组为：2 4 6 8 10 12 14 16 18 20 −858993460

请输入要插入的整数 x：80

插入 80 后的数组为：2　4　6　8　10　12　14　16　18　20　80

③

初始数组为：2　4　6　8　10　12　14　16　18　20　-858993460

请输入要插入的整数 x：15

插入 15 后的数组为：2　4　6　8　10　12　14　15　16　18　20

（2）编写程序，将数组中的值逆序存放。如原来的顺序为：1,2,3,4,5,6,7,8,9,10，要求改为：10,9,8,7,6,5,4,3,2,1。

分析：①共 N 个元素的数组元素逆序存放，实际上是原数组元素最前面的与最后面的交换位置，第 2 个与倒数第 2 个交换位置……a[i]与 a[N-1-i]交换位置。

②位置交换循环次数，无须整个数组长度，一半即可。

参考程序如下。

```
#include"stdio.h"
#define N 10
void main( )
{
    int i,t,a[N];
    printf("请输入 10 个数的数组: ");
    for(i=0;i<N;i++)
        scanf("%d",&a[i]);
    printf("交换前的数组为: ");
    for(i=0;i<N;i++)
        printf("%d ",a[i]);
    printf("\n");
    for(i=0;i<N/2;i++)
    {
        t=a[i];
        a[i]=a[N-1-i];
        a[N-1-i]=t;//实现交换
    }
    printf("交换后的数组为: ");
    for(i=0;i<N;i++)
        printf("%d ",a[i]);
    printf("\n");
}
```

程序调试如下。

请输入 10 个数的数组：1 2 3 4 5 6 7 8 9 10

交换前的数组为：1　2　3　4　5　6　7　8　9　10

交换后的数组为：10　9　8　7　6　5　4　3　2　1

（3）编写程序，实现字符串测试长度函数 strlen 的功能。

分析：① 字符串存储使用字符数组。

② 字符串结束标志'\0'。

参考程序如下。

```
#include"stdio.h"
#define N 100
void main( )
{
```

```
    int i=0;
    char s[N];
    printf("请输入字符串: ");
    gets(s);
    while(s[i]!='\0')
        i++;
    printf("字符串: ");
    puts(s);
    printf("字符串长度 length=%d  ",i);
    printf("\n");
}
```

程序调试如下。

请输入字符串：hello　666 bye

字符串：hello　666 bye

字符串长度 length=14

（4）编写程序，自定义两个二维矩阵实现矩阵的乘积，其中矩阵的大小要满足相乘的条件。

分析：

① 矩阵可以用二维数组表示。

② 矩阵相乘的前提是第一个矩阵的列等于第二个矩阵的行，乘积矩阵的任意元素 $c_{ij}=a_{ik} \times b_{kj}$。

参考程序如下。

```
#include"stdio.h"
void main( )
{
    int i,j,k,a[3][4],b[4][3],c[3][3];
    printf("请输入 3*4 矩阵 A: \n");
    for(i=0;i<3;i++)
        for(j=0;j<4;j++)
            scanf("%d",&a[i][j]);
        printf("请输入 4*3 矩阵 B: \n");
    for(i=0;i<4;i++)
        for(j=0;j<3;j++)
            scanf("%d",&b[i][j]);
    for(i=0;i<3;i++)
        for(j=0;j<3;j++)
        {
            c[i][j]=0;
            for(k=0;k<4;k++)
                c[i][j]=c[i][j]+a[i][k] *b[k][j];
        }
    printf("相乘后的矩阵 C: \n");
    for(i=0;i<3;i++)
    {
        for(j=0;j<3;j++)
            printf("%4d  ",c[i][j]);
        printf("\n");
    }
}
```

程序调试如下。

请输入 3*4 矩阵 A：
1 2 3 4
5 6 7 8
1 3 5 7
请输入 4*3 矩阵 B：
1 2 3
4 5 6
7 8 9
2 5 8
相乘后的矩阵 C：
　38　　56　　74
　94　136　178
　62　92　122

（5）编写程序，求出 Fibonacci 数列中小于 t 的最大的一个数。

其中 Fibonacci 数列数学函数如下。

$$\begin{cases} F(0)=1 & (n=0) \\ F(1)=1 & (n=1) \\ F(n)=F(n-1)+F(n-2) & (n \geq 2) \end{cases}$$

分析：Fibonacci 数列的值存放在一位数组中进行比较即可。

参考程序如下。

```
#include"stdio.h"
#define N 80
void main( )
{
    int i,t;
    long F[N];
    printf("输入小于 t 的数 t=");
    scanf("%d",&t);
    F[0]=1;
    F[1]=1;
    for(i=2;i<N;i++)
        F[i]=F[i-1]+F[i-2];
    for(i=0;i<N;i++)
        if(F[i]<=t&&F[i+1]>=t)  { printf("t=%d, ,最小的数是%ld\n",t,F[i]); break;}
}
```

程序调试如下。

输入小于 t 的数 t=1000
t=1000,最小的数是 987

7.5　实验总结

本章实验主要巩固和学习数组的基本概念、赋值与应用。

一维数组的应用主要体现在三个方面：一是解答数学题，如数学计算中求和/平均值、最大/小值以及下标和 Fibonacci 数列等；二是实现数组元素的排序；三是任意数值在数组中进行匹配查找。

二维数组的应用主要体现在两个方面：一是基本的数学运算，如最大/小值、平均值等；二是线性代数中的矩阵存储在二维数组中可用来实现矩阵的运算。

本章实验主要以解决实际问题为主，在后续章节中结合函数与指针可实现函数参数的传递，同时把使用数组解决的问题进行自定义函数，可重复调用。

7.6　实验参考答案

```
7.3.2      if(i==j||i+j==3)    sum=sum+a[i][j];
7.3.3      len=strlen(str);        //测试字符数组长度赋值给 len
           for(i=0;i<len/2;i++)          //循环条件
           if(str[i]!=str[len-1-i])          //判读是否回文数
```

第 8 章
函数

8.1 实验知识

8.1.1 函数的三要素

函数的三要素是指函数的定义、函数的调用和函数的声明。

1. 函数定义

函数定义的一般定义形式为：

```
[类型说明符]函数名([形式参数表])    /*函数头*/
{
    定义说明语句；
    执行语句；                    /*函数体*/
    [return 语句]；
}
```

若缺省类型说明符，则系统默认为 int 类型；若缺省形式参数表，则最好用 void 进行标记。

函数的值是通过 return 语句带回主调函数的，return 语句的形式有以下两种。

（1）函数无返回值的情况：return；

（2）函数有返回值的情况：return （表达式）；或 return 表达式；

C 语言要求函数定义的类型应当与 return 语句中表达式的类型保持一致。若类型不一致，则以函数定义的类型为准，由系统自动进行转换。

2. 函数调用

函数调用语句的形式有以下两种。

（1）函数无返回值的调用语句：函数名（[实际参数表]）；

（2）函数有返回值的调用语句：变量名=函数名（[实际参数表] ）。

若有多个实参时，各实参之间应该用逗号隔开。实参可以是常量、变量或表达式，它们都必须有确定的值。如果调用的是无参函数，可省去"实际参数表"，但括号不能缺省。实参和形参应当在类型上、个数上和对应次序上严格保持一致，否则会发生"类型不匹配"的错误。

3. 函数声明

用户自定义函数要遵循"先声明，后使用"的原则。

函数声明语句的一般形式为：类型说明符　函数名(形式参数表);

函数声明可以是一条独立的语句，在写法上与函数头完全一致，只是在最后多了一个分号。

在以下的两种情况中，可以缺省对被调函数的函数说明。

（1）如果被调函数的返回值是 int 型或 char 型时，可以不用进行函数声明，而直接被主调函数所调用。

（2）当被调函数的函数定义出现在主调函数之前时，可以不用进行函数声明，而直接被主调函数所调用。

但是，最好能对所有使用的函数进行函数声明，这样可以方便 C 编译系统检查可能出现的错误。

8.1.2　函数之间的参数传递

发生函数调用时，实参的值单向传送给形参，不能把形参的值反向传送给实参，因此形参的值在函数中不论是否发生改变，都不会影响到实参的值，这种传值方式称为值传递方式。

函数的形参和实参具有以下特点和关系。

（1）形参变量出现在函数的定义中，函数未被调用时，不分配内存单元；只有在被调用时才给形参分配内存单元；在函数调用结束时，立刻释放所分配的内存单元。因此，形参只有在函数内部有效，函数调用结束返回主调函数后则不能再使用。

（2）实参可以是常量、变量或表达式，它出现在主调函数的调用语句中，进入被调函数后，实参是不能使用的。在进行函数调用时，它们都必须具有确定的值，以便把这些值传送给形参。

8.1.3　函数的嵌套调用和递归调用

1. 函数嵌套调用

函数嵌套调用指的是在一个函数体中再调用另一个函数。这种调用关系可用图 8-1 表示。

函数嵌套调用的执行过程是：①先执行 main 函数中的语句，执行到调用函数 a( )的语句时；②转去执行函数 a( )；③在函数 a( )中遇到调用函数 b( )时；④又转去执行函数 b( )；⑤函数 b( )执行完毕；⑥返回函数 a( )的断点继续执行；⑦函数 a( )执行完毕；⑧返回 main 函数的断点继续执行；⑨main 函数结束。

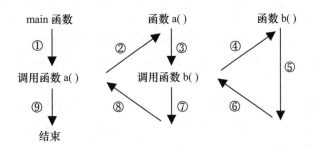

图 8-1　函数嵌套调用

2. 函数递归调用

函数的递归调用指的是函数直接或间接地调用自身。在递归调用中，主调函数又是被调函数。递归调用是嵌套调用的一个特例。

如果函数 fun1( )在执行过程中又调用了函数 fun1( )，则称函数 fun1( )为直接递归调用。

如果函数 fun1( )在执行过程中先调用了函数 fun2( )，函数 fun2( )在执行过程中又调用了函数

fun1( )，则称函数 fun1( )为间接递归调用。

程序设计中会更多地用到直接递归调用。

8.1.4　一维数组名作为函数的参数

用一维数组名作函数参数时，不是进行值传递，即不是把实参数组的各个元素的值都赋予形参数组的对应元素。

数组名代表该数组在内存中的首地址，因此用数组名作函数参数时传送的是地址，也就是说把实参数组的首地址赋予了形参数组名。实际上，形参数组和实参数组是同一个数组，两者共占用同一段内存单元，这种传值方式称为地址传递方式。

用数组名作函数参数时，要求形参和相对应的实参都必须是类型相同的数组，都必须有明确的数组定义说明。当形参和实参两者不一致时，就会发生错误。

要在主调函数和被调函数中分别定义实参数组和形参数组。如果形参是数组名，则实参必须是实际的数组名；如果实参是数组名，则形参可以是同样维数的数组名或指针。

8.1.5　局部变量和全局变量

局部变量指的是在函数内部或复合语句内部定义的变量。局部变量只能在定义它的函数内使用，不能被其他函数使用，而且只有在程序执行到定义该变量的函数或复合语句时才能生成，一旦执行退出该函数则该变量消失。

全局变量指的是在函数之外定义的变量。全局变量的有效范围是从定义位置开始到源程序结束。全局变量通常自动初始化为 0。

如果在同一个源程序中，出现全局变量和局部变量同名的情况，那么在局部变量的作用域内，全局变量将会被暂时屏蔽。

利用全局变量可以实现主调函数与被调函数之间数据的传递和返回，增加了函数之间数据联系的通道。当某函数改变了全局变量的值时，便会影响到其他的函数，相当于各函数之间有了直接的传递通道，即公共变量，从而可能从函数获得一个以上的返回值。

8.1.6　变量的存储类型

1．auto 型变量

自动型变量用关键字 auto 进行存储类型的声明。auto 是局部变量的默认存储类型。auto 型变量存储在内存的动态存储区，只能用于定义局部变量。如果定义时没有赋初值，则 auto 型变量中的值是随机数。

当 auto 型变量所在的函数或模块被执行时，系统为这些变量分配内存单元；当退出所在的函数或模块时，这些变量对应的内存单元会被释放。换句话说，函数或模块每被执行一次，auto 型变量就会被重新分配内存单元。

2．static 型变量

静态型变量用关键字 static 进行存储类型的声明，主要用于定义静态局部变量。如果定义时没有赋初值，则系统会为静态局部变量自动赋 0 值（对数值型变量）或空字符（对字符型变量）。

在函数体或复合语句内部定义的 static 型变量，称为静态局部变量。

在整个程序运行期间，静态局部变量在内存中占据着永久性的内存单元。即使退出函数后，下次再进入该函数，静态局部变量仍使用原来的内存单元。由于并不释放这些内存单元，因此这些内存单元中的值得以保留。

3. extern 型变量

外部型变量用关键字 extern 进行存储类型的声明。extern 型变量存储在内存的静态存储区，只能用于定义全局变量。extern 是全局变量的默认存储类型。

extern 最基本的用法是声明全局变量。但是需要注意的是，声明和定义不是同一个概念。声明只是指出了变量的名字，并没有为其分配内存单元；而定义不但指出变量的名字，同时还为变量分配内存单元。定义包含了声明。

一种情况是在同一个源文件内使用 extern 来扩大全局变量的作用域。

一种情况是在不同的源文件中使用 extern 来扩大全局变量的作用域。

8.1.7　内部函数和外部函数

1. 内部函数

内部函数指的是函数存储类型为 static 型的函数。内部函数又称为静态函数。

内部函数的特点是：只能被本文件中的其他函数所调用，它的作用域仅限于定义它的所在文件。此时，在其他的文件中可以有相同的函数名，它们相互之间互不干扰。

使用静态函数可以避免不同编译单位因函数同名而引起混乱。若强行调用静态函数，将会产生出错信息。

2. 外部函数

若函数的存储类型为 extern 型，即在函数的类型说明符前加上关键字 extern，称此函数为外部函数。一般的函数都隐含说明为 extern，所以我们以前所定义的函数都属于外部函数。外部函数的声明形式为：

extern 类型说明符 函数名(形式参数表);

例如：

```
extern char upper(char ch);
```

关键字 extern 既可以用来引用本文件之外的变量，还可以用来引用本文件之外的函数。

外部函数的特点是：可以被其他文件中的函数所调用。通常，当函数调用语句与被调用函数的定义不在同一文件时，应该在调用语句所在函数的声明部分用 extern 对所调用的函数进行函数声明。

8.2　实验要求

本章实验要求如下。

（1）掌握函数的定义方法。

（2）掌握函数的调用方法及参数之间传递数据的规则。

（3）掌握函数的声明方法。

（4）练习嵌套调用和递归调用的设计方法。

（5）掌握局部变量、全局变量、静态变量的概念和使用方法。

（6）理解并正确应用自定义函数。

（7）理解内部函数和外部函数的概念，了解外部函数的编译和链接的方法。

8.3 实验内容

8.3.1 实验一

编写一个函数，该函数的功能是：计算 *x* 的 *n* 次方。请根据注释将程序填写完整。

1. 实验目的

（1）掌握函数的定义方法、调用方法、声明方法。

（2）掌握实参与形参之间的值传递方式。

（3）在编程过程中加深理解函数调用的程序设计思想。

2. 实验方式

本实验采用一人一机的方式进行。

3. 实验步骤

编写函数 power( )实现计算 x 的 n 次方，其中变量 t 用于存放计算结果，要注意变量 t 的数据类型不能为 int 类型，应为 double 类型。

在 main 函数中先输入变量 x 和 n 的值，调用函数 power( )，要注意实参与形参应该数据类型一一对应，其返回值赋值给变量 y，将结果输出。

4. 实验程序

```
#include <stdio.h>
void main( )
{        ①              /*函数声明语句*/
    float x;
    double y;
    int n;
    printf("请输入 x 的值: ");
    scanf("%f",&x);
    printf("请输入幂次的值: ");
    scanf("%d",&n);
             ②              /*函数调用语句*/
    printf("结果是%8.2lf\n",y) ;
}
double power(float x,int n)
{   int i;
    double t=1;
    for(i=1;i<=n;i++)
      t=t*x;
             ③
```

5. 实验结果

请输入 x 的值: 1.5

请输入幂次的值: 6

输出结果:

结果是 11.39

6. 参考答案

第①处填写：`double power(float x,int n);`

第②处填写：`y=power(x,n);`

第③处填写：`return t;`

8.3.2　实验二

编写一个函数，该函数的功能是：输出 15 对孪生素数。孪生素数是指两个相差为 2 的素数，例如，3 和 5、5 和 7、11 和 13 等。请根据注释将程序填写完整。

1. 实验目的

（1）掌握函数的定义方法、调用方法、声明方法。

（2）了解判断某数是否为素数的算法。

（3）在编程过程中加深理解函数调用的程序设计思想。

2. 实验方式

本实验采用一人一机的方式进行。

3. 实验步骤

编写函数 isprime( ) 实现判断某数是否为素数，其中变量 yes 作为标志量，并返回 yes 的值，若返回 1 则表示该数为素数，若返回 0 则表示该数为非素数。

在 main 函数中采用 do-while 循环结构，对变量 k 和 k+2 分别调用函数 isprime( )，若变量 k 和 k+2 均为素数，则变量 k 和 k+2 即为孪生素数，将结果输出。

4. 实验程序

```
#include <stdio.h>
#include <math.h>
void main( )
{   int isprime(int n);
    int k=2,n=0;
    printf("15 对孪生素数为: \n");
    do
    {          ①                /*判断是否为孪生素数的if结构*/
        {   printf("%d,%d\n",k,k+2);
            n++;
        }
        k++;
    }while(n<15);
}
          ②                /*函数 isprime( )的函数头*/
{  int i,a,yes;
    yes=1;
    i=2;
    a=(int)sqrt((double)n);
    while(i<=a)
    {  if(n%i!=0)
            i++;
        else
        {          ③             /*将标志量 yes 置为 0*/
                   ④             /*退出 while 循环结构*/
        }
```

```
    }
    return (yes);
}
```

5. 实验结果

输出结果：

15 对孪生素数为：

3,5
5,7
11,13
17,19
29,31
41,43
59,61
71,73
101,103
107,109
137,139
149,151
179,181
191,193
197,199

6. 参考答案

第①处填写：`if(isprime(k)&&isprime(k+2))`

第②处填写：`int isprime(int n)`

第③处填写：`yes=0;`

第④处填写：`break;`

8.3.3　实验三

编写一个函数，调用该函数，实现将一个数组中的值按逆序重新存放。请根据注释将程序填写完整。

1. 实验目的

（1）掌握一维数组名作为函数参数的编程特点。

（2）掌握值传递与地址传递的区别。

（3）了解实现数组逆序的算法。

（4）在编程过程中加深理解函数调用的程序设计思想。

2. 实验方式

本实验采用一人一机的方式进行。

3. 实验步骤

编写函数 rever( )实现将数组逆序的功能，利用 for 循环将位置对应的两个元素进行交换，达到将数组逆序的目的，其中数组 b 是形参数组，利用了一维数组名作为函数参数进行编程。

在 main 函数中定义数组 a，在调用函数 rever( )时，实参数组 a 的首地址传递给形参数组 b，这里进行的是地址传递。实参数组 a 和形参数组 b 是同一个数组，调用结束后将结果输出。

4. 实验程序

```
#include <stdio.h>
#define N 8
```

```
void main( )
{  void rever(int b[ ]);
   int a[N],i;
   printf("请输入%d个整数: \n",N);
   for(i=0;i<N;i++)
        _____①_____              /*输入 a 数组的各个元素的值*/
        _____②_____              /*调用 rever 函数*/
   printf("逆序存放的值为: \n");
   for(i=0;i<N;i++)
      printf("%4d",a[i]);
   printf("\n");
}
void rever(int b[ ])
{  int i,j,t;
   for(i=0,j=N-1;i<j;i++,j--)
   {  _____③_____  }            /*相对应的两个元素互换位置*/
}
```

5. 实验结果

请输入 8 个整数:

13 7 56 34 87 47 16 25

输出结果:

逆序存放的值为:

25 16 47 87 34 56 7 13

6. 参考答案

第①处填写: scanf("%d",&a[i]);

第②处填写: rever(a);

第③处填写: t=b[i]; b[i]=b[j]; b[j]=t;

8.3.4　实验四

编写一个函数，调用该函数，可以输出以下形式的杨辉三角。

```
1
1  1
1  2   1
1  3   3   1
1  4   6   4   1
1  5  10  10   5   1
1  6  15  20  15   6   1
```

杨辉三角具有以下特点。

（1）第 0 列和对角线上的元素都为 1。

（2）除第 0 列和对角线上元素以外，其他元素的值均为前一行上的同列元素和前一列元素之和。

1. 实验目的

（1）掌握二维数组名作为函数参数的编程特点。

（2）掌握值传递与地址传递的区别。

（3）了解输出杨辉三角的算法。

（4）在编程过程中加深理解函数调用的程序设计思想。

2．实验方式

本实验采用一人一机的方式进行。

3．实验步骤

编写函数 setdata( )实现设置杨辉三角元素值的功能，可以将杨辉三角元素的值存放在一个方形矩阵的下半三角中，矩阵的上半部并不使用。如果需打印 5 行杨辉三角，应该定义等于或大于 5×5 的二维数组。

编写函数 outdata( )实现输出杨辉三角的功能，只输出方形矩阵的下半三角。

函数 setdata( )和函数 outdata( )都是利用了二维数组名作为函数参数进行编程。

在 main 函数中输入杨辉三角的行数值 n，先调用函数 setdata( )，设置杨辉三角的元素值；再调用函数 outdata( )，输出杨辉三角。

4．实验程序

```
#include<stdio.h>
#define N 10
void main( )
{   void setdata(int s[ ][N],int n);
    void outdata(int s[ ][N],int n);
    int n,y[N][N];
    printf("请输入杨辉三角的行数：");
    scanf("%d",&n);
    _____①_____    /*调用 setdata 函数，设置杨辉三角的元素值*/
    _____②_____    /*调用 outdata 函数，输出杨辉三角*/
}
void setdata(int s[ ][N],int n)
{   int i,j;
    for(i=0;i<N;i++)
    {   s[i][0]=1;               /*第 0 列上的元素置 1*/
        _____③_____    /*对角线上的元素置 1*/
    }
    for(i=2;i<N;i++)
      for(j=1;j<i;j++)
        _____④_____    /*给杨辉三角其他元素赋值*/
}
void outdata(int s[ ][N],int n)
{   int i,j;
    printf("杨辉三角为：\n");
    for(i=0;i<n;i++)
    {   for(j=0; j<=i;j++)    _____⑤_____
        _____⑥_____
    }
}
```

5．实验结果

请输入杨辉三角的行数：5

输出结果：

杨辉三角为：

```
1
1　1
1　2　1
1　3　3　1
1　4　6　4　1
```

6. 参考答案

第①处填写：`setdata(y,n);`

第②处填写：`outdata(y,n);`

第③处填写：`s[i][i]=1;`

第④处填写：`s[i][j]=s[i-1][j-1]+s[i-1][j];`

第⑤处填写：`printf("%6d",s[i][j]);`

第⑥处填写：`printf("\n");`

8.3.5　实验五

对 N 个学生的考试成绩进行分段统计，要求学生的考试成绩放在 a 数组中，各分段的人数存放在 b 数组中，成绩为 0～59 分的人数存放到 b[0]中，成绩为 60～69 分的人数存放到 b[1]中，……，成绩为 90～100 分的人数存放到 b[4]中。

1. 实验目的

（1）掌握一维数组名作为函数参数的编程特点。

（2）掌握值传递与地址传递的区别。

（3）了解对分数分段统计的算法。

（4）在编程过程中加深理解函数调用的程序设计思想。

2. 实验方式

本实验采用一人一机的方式进行。

3. 实验步骤

编写函数 fun( )实现分数分段统计的功能，利用 for 循环逐一对学生成绩进行处理，采用并行的 if 结构对该成绩进行统计。该函数中有两个形参数组 aa 和 bb。

在 main 函数中定义数组 a 和数组 b，数组 a 存放若干学生的考试成绩，数组 b 存放统计结果。在调用函数 fun( )时，实参数组 a 的首地址传递给形参数组 a，实参数组 b 的首地址传递给形参数组 bb，这里进行的是地址传递。实参数组 a 和形参数组 aa 是同一个数组，实参数组 b 和形参数组 bb 是同一个数组，调用结束后将结果输出。

4. 实验程序

```
#include <stdio.h>
#define N 20
void main()
{   void fun(int aa[],int bb[],int n);
    int i,a[N],b[5];
    printf("请输入%d 个学生成绩：\n",N);
    for(i=0;i<N;i++)
        scanf("%d",&a[i]);
          ①          /*调用 fun 函数，进行统计*/
    printf("分段统计的结果为：\n");
    printf("0～59: %d\n",b[0]);
    printf("60～69: %d\n",b[1]);
```

```
    printf("70~79: %d\n",b[2]);
    printf("80~89: %d\n",b[3]);
    printf("90~100: %d\n",b[4]);
}
void fun(int aa[],int bb[],int n)
{   int  i;
    for(i=0;i<5;i++)
        _____②_____          /*将数组bb的所有元素置0*/
    for(i=0;i<n;i++)
    {   ____③____      ____④____      /*统计分数段0-59的人数*/
        if(aa[i]>=60&&aa[i]<70)  bb[1]++;
        if(aa[i]>=70&&aa[i]<80)  bb[2]++;
        if(aa[i]>=80&&aa[i]<90)  bb[3]++;
        if(aa[i]>=90&&aa[i]<=100) bb[4]++;
    }
}
```

5. 实验结果

请输入20个学生成绩：

67 87 83 81 78 74 79 70 93 95 86 55 58 76 64 60 75 72 79 70

输出结果：

分段统计的结果为：

0~59：2

60~69：3

70~79：9

80~89：4

90~100：2

6. 参考答案

第①处填写：fun(a,b,N);

第②处填写：bb[i]=0;

第③处填写：if(aa[i]>=0&&aa[i]<60)

第④处填写：bb[0]++;

8.4 综合实例

（1）编写一个分别统计字符串中大写字母和小写字母个数的函数。

① 实验步骤。

这个例题是关于全程变量的编程。

程序中定义了两个全局变量upper和lower。

在函数fun( )中，对形参数组str中的每个字符逐一进行判断，如果是大写字母，就执行语句upper++；如果是小写字母，就执行语句lower++；。

当main函数调用函数fun( )时，数组s是实参数组，进行地址传递，统计完毕后，将得到了全局变量upper和lower的当前值，在main函数中进行输出。

② 参考程序如下。

```
#include <stdio.h>
int upper=0,lower=0;
void main()
{   void fun(char str[ ]);
    char s[100];
    printf("Please enter a string: \n");
    gets(s);
    fun(s);
    printf("upper=%d, lower=%d\n",upper,lower);
}
void fun(char str[ ])
{ int i=0;
    char ch;
    while((ch=str[i])!='\0')
    {   if(ch>='A'&&ch<='Z')
            upper++;
        if(ch>='a'&&ch<='z')
            lower++;
        i++;
    }
}
```

③ 实验测试（调试）。

```
Please enter a string:
ABCDefg&*#1234lmnBye
upper=5, lower=8
```

（2）编写一个递归函数。

调用该函数，将一个整数 *n* 转换成相应的字符串。

① 实验步骤。

这个例题是关于递归调用的编程。

经过分析，在将整数转换成相应的字符串时，满足递归的条件要求，可以采用递归算法。

在函数 convert( )中，如果 if 条件成立，即(i=(m/10)!=0)为真，就执行递归调用，直到 if 条件不成立，即(i=(m/10)!=0)为假时，递归调用结束。再有一点需要提醒读者注意，该程序的结果输出不是由 main 函数完成，而是由函数 convert( )完成。在 main 函数中调用函数 convert( )。

② 参考程序如下。

```
#include <stdio.h>
void main()
{   void convert(int m);
    int n;
    printf("请输入一个整数 n: ");
    scanf("%d",&n);
    printf("转换成相应的字符串为: \n");
    convert(n);
    putchar('\n');
}
void convert(int m)
{   int i;
    f((i=m/10)!=0)
        convert(i);
```

```
    printf("%4c",m%10+'0');
}
```

③ 实验测试（调试）。

请输入一个整数 n：3456
转换成相应的字符串为：
    3   4   5   6

（3）编写一个求两个整数的最大公约数和最小公倍数的函数。

① 实验步骤。

这个例题是关于最大公约数和最小公倍数的编程。

函数 great_com( )负责求出最大公约数，函数 low_com( )负责求出最小公倍数。

两整数在 main 函数中输入，当 main 函数调用函数 great_com( )时，求出的最大公约数作为返回值赋值给变量 m，最大公约数值 m 再与两个整数一起作为实参传递给函数 low_com( )中的形参，即可求出最小公倍数。

② 参考程序如下。

```
#include <stdio.h>
void main()
{   int great_com(int x,int y);
    int low_com(int m,int n,int a);
    int a,b,m,n;        /*变量 m 存放最大公约数，变量 n 存放最小公倍数*/
    printf("请输入两个整数：");
    scanf("%d%d",&a,&b);
    m=great_com(a,b);
    n=low_com(a,b,m);
    printf("最大公约数是%d，最小公倍数是%d\n",m,n);
}
intgreat_com(int x,int y)
{   int i,s,m;
    m=x>y?x:y;
    for(i=1;i<=m;i++)
      if(x%i==0&&y%i==0)
         s=i;
      return s;
}
int low_com(int m,int n,int a)
{   return (m*n/a);
}
```

③ 实验测试（调试）。

请输入两个整数：21 35
最大公约数是 7，最小公倍数是 105

8.5　实验总结

本章实验主要使用函数编程解决实际生活和学习中会遇到的问题。实验题目涉及函数的理论知识和应用知识，要求读者熟练掌握函数的三要素，即函数的定义、函数的调用和函数的声明。实验的重点是一维数组名作为函数的参数。本章实验涉及两种传递方式：值传递和地址传递，要注意区分值传递和地址传递的本质区别，从而能够更好地掌握函数编程的特点，以便今后能解决更大的实际问题。

第9章
预处理命令

9.1 实验知识

9.1.1 宏定义

define 为宏定义命令。宏定义分为不带参数的宏定义和带参数的宏定义两种情况。

不带参数的宏定义形式为：#define 宏名 字符串

带参数的宏定义形式为：#define 宏名(参数表) 字符串

习惯上总是全部用大写字母来定义宏。用宏名代替一个字符串，可以减少程序中重复书写某些字符串的工作量。当需要改变某一个常量的值时，只改变#define 命令行即可。

宏定义必须写在函数之外，宏名的有效范围是从定义命令之后，直到源程序文件结束，或遇到宏定义终止命令#undef 为止。

在宏定义中出现的参数是形式参数，在宏调用中出现的参数是实际参数，在调用中不仅要进行宏替换，而且还要用实参去替换形参。

带参数的宏定义和函数调用看起来有些相似，但要注意两者的区别。

9.1.2 文件包含

include 为文件包含命令。文件包含指的是一个源文件可以将另一个源文件的全部内容包含进来。

文件包含命令有如下两种形式。

格式 1：#include <文件名>

格式 2：#include "文件名"

如果使用格式 1 的形式，即用<>括起文件名，则 C 编译系统将到 C 语言开发环境中设置好的 include 文件目录中去找这个文件。因为 C 语言的标准头文件都存放在 include 文件夹中，所以一般对标准头文件采用这种格式。

如果使用格式 2 的形式，即用括起文件名，则 C 编译系统先在引用被包含文件的源文件所在的文件目录中去找这个文件，若找不到，再去 include 文件目录中去找。对用户自己编写的文件，最好使用这种格式。

一般用格式 2 比较好，不会找不到指定的文件。

9.1.3　条件编译

条件编译命令有以下三种形式。

第一种形式：

```
#if 常量表达式
    程序段 1
[#else
    程序段 2]
#endif
```

它的功能是：如果常量表达式的值为真（非 0），则对程序段 1 进行编译；否则对程序段 2 进行编译。

第二种形式：

```
#ifdef 标识符
    程序段 1
[#else
    程序段 2]
#endif
```

它的功能是：如果标识符已被#define 命令定义过，则对程序段 1 进行编译；否则对程序段 2 进行编译。

第三种形式：

```
#ifndef 标识符
    程序段 1
[#else
    程序段 2]
#endif
```

它的功能是：如果标识符未被#define 命令定义过，则对程序段 1 进行编译；否则对程序段 2 进行编译。这与第二种形式的功能正好相反。

9.2　实验要求

本章实验要求如下。

（1）掌握宏定义、宏调用及宏替换的处理过程。

（2）掌握文件包含的概念和使用。

（3）了解条件编译的概念和使用。

9.3　实验内容

9.3.1　实验一

输入圆的半径，求圆的周长、面积和球的体积。要求使用宏定义圆周率。请根据注释将程序填写完整。

1. 实验目的

（1）掌握无参宏定义的使用方法。

（2）了解预处理命令的编程特点。

2. 实验方式

本实验采用一人一机的方式进行。

3. 实验步骤

利用无参宏定义圆周率 PI，在 main 函数中输入半径值之后，利用求周长、面积和体积的公式，计算出结果并输出。

4. 实验程序

```
#include <stdio.h>
_____①_____    /*宏定义圆周率PI*/
void main( )
{ float r,c,s,v;
  printf("请输入半径的值: ");
  scanf("%f",&r);
  c=2*PI*r;
  _____②_____    /*计算圆的面积s*/
  v=PI*r*r*r*3/4;
  printf("周长是%6.2lf\n",c);
  printf("面积是%6.2lf\n",s);
  _____③_____    /*输出球的体积v*/
}
```

5. 实验目的

请输入半径的值: 1.7

输出结果:

周长是 10.69

面积是　9.08

体积是 11.58

6. 参考答案

第①处填写：#define PI 3.14159

第②处填写：s=PI*r*r;

第③处填写：printf("体积是%6.2f\n",v);

9.3.2　实验二

输入三角形的三条边长，利用海伦公式求出三角形的面积并输出。要求使用带参数的宏定义。请根据注释将程序填写完整。

1. 实验目的

（1）掌握有参宏定义的使用方法。

（2）了解带参数的宏定义与函数调用的区别。

（3）了解海伦公式的使用。

2. 实验方式

本实验采用一人一机的方式进行。

3. 实验步骤

海伦公式是：设三角形三条边长分别为 x、y、z，$s=(x+y+z)/2$，三角形的面积等于

$$\sqrt{s*(s-x)*(s-y)*(s-z)}。$$

输入三角形的三条边长，先判断能否构成合理的三角形，若能构成三角形，就利用海伦公式求出面积；若不能构成三角形，就输出"输入数据有误!"的信息。

4. 实验程序

```
#include <stdio.h>
#include <math.h>
_____①_____    /*带参数的宏定义 S*/
#define AREA(S,a,b,c) ((S) *(S-a) *(S-b) *(S-c))
void main( )
{   float x,y,z,area;
    printf("请输入三角形的三条边长：\n");
    scanf("%f%f%f",&x,&y,&z);
    _____②_____    /*判断是否能构成三角形*/
    {   _____③_____    /*调用带参数的宏定义求三角形面积*/
        printf("三角形的面积为：%.2f\n",area);
    }
    else
        printf("输入数据有误! \n");
}
```

5. 实验结果

请输入三角形的三条边长：

3 4 5

输出结果：

三角形的面积为：6.00

6. 参考答案

第①处填写：#define S(a,b,c) ((a+b+c)/2)

第②处填写：if(x>0&&y>0&&z>0&&x+y>z&&x+z>y&&y+z>x)

第③处填写：area=sqrt(AREA(S(x,y,z),x,y,z));

9.3.3 实验三

运行下面程序，分析程序的运行结果。

1. 实验目的

（1）掌握条件编译的使用方法。

（2）了解预处理命令的编程特点。

2. 实验方式

本实验采用一人一机的方式进行。

3．实验步骤

先用 define 预处理命令定义两个符号常量 PI 和 R，在 main 函数中对 R 的值进行判断，若其值为真（非 0），则对#if 后的语句进行编译，求圆的面积；否则对#else 后的语句进行编译，求正方形的面积。

4．实验程序

```c
#include <stdio.h>
#define TWO
void main()
{   #ifdef ONE
        printf("1\n");
    #elif defined TWO
        printf("2\n");
    #else
        printf("3\n");
    #endif
}
```

5．实验结果

输出结果：

2

9.4 综合实例

编写一个宏定义 ALPHA，此宏定义用以判断输入的字符是否是字母，并输出判断的结果。

（1）实验步骤。

这个例题是关于宏定义的编程。

编写一个带参数的宏定义 ALPHA，调用该宏定义可以对参数 ch 进行是否为字母的判定，若为字母，则返回 1 值；否则，返回 0 值。

（2）参考程序如下。

```c
#include <stdio.h>
#define ALPHA(ch) (((ch)>='a'&&(ch)<='z'||(ch)>='A'&&(ch)<='Z')?1:0)
void main( )
{   char c;
    int yesno;
    printf("请输入1个字母：");
    scanf("%c",&c);
    yesno=ALPHA(c);
    if(yesno)
      printf("%c是字母\n",c);
    else
      printf("%c不是字母\n",c);
}
```

这道题目也可以用函数调用来实现。相应的程序如下。

```c
#include <stdio.h>
void main( )
```

```
{   int ischar(char ch);
    char c;
    int yesno;
    printf("请输入 1 个字母：");
    scanf("%c",&c);
    yesno=ischar(c);
    if(yesno)
      printf("%c 是字母\n",c);
    else
      printf("%c 不是字母\n",c);
}
int ischar(char ch)
{   int s;
    if(ch>='a'&&ch<='z'||ch>='A'&&ch<='Z')
      s=1;
    else
      s=0;
    return s;
}
```

（3）实验测试（调试）。

请输入 1 个字母：s
s 是字符

9.5 实验总结

本章实验主要练习使用预编译处理命令进行编程。本章实验题目较少，主要涉及宏定义、文件包含和条件编译的理论知识和应用知识。要求读者重点掌握带参数宏定义的使用，注意区分带参数的宏定义和函数调用两者的本质不同。通过本章实验，能真正理解预处理命令的实质。

第**10**章 指针

10.1 实验知识

10.1.1 指针变量的定义和初始化

指针变量是用来存储地址的变量。其定义格式如下：

存储类型 数据类型 *指针变量名1=[初值1],…;

指针定义时的初始值可以是 NULL，NULL 表示一个空地址，其值是 0。注意：当定义一个指针变量而未指定初值时，并不代表它指向 NULL。

当需要对一个指针变量进行操作时，必须使指针变量指向一个特定地址，可以通过以下两种方法实现。

（1）将指针指向一个变量、一个数组或一个具体的地址。

（2）使用 malloc 或 calloc 函数进行动态分配。

10.1.2 &运算符和*运算符

在 C 语言中提供了以下两个有关指针的运算符。

（1）&运算符称为"取地址运算符"。

（2）*运算符称为"指针运算符"，也称为"间接运算符"，如代表所指向的变量的值。

10.1.3 使用指针运算符应该注意的问题

（1）指针变量定义的"*"与指针运算符的区别。

指针变量定义中的"*"不是运算符，它只是表示其后的变量是一个指针类型的变量。语句"*p=5"中的"*"是指针运算符"*"，"*p"代表 p 指向的变量。

（2）&运算符与*运算符是互逆的，如 y=x;y=*&x;两个语句是等效的。

10.1.4 对指针变量的操作

在定义了一个指针变量之后，如 int *p,a;就可以对该指针进行各种操作。

（1）给一个指针变量赋予一个地址值。

例如 p=&a;

（2）指针变量中存储的是它所指向的变量的地址值。可以输出这个地址，格式如下。

```
printf("%lu",(unsigned int)p);        /*按无符号整型输出*/
printf("%p",p);                       /*按十六进制地址格式输出*/
printf("%o",p);                       /*按八进制整型输出*/
```

10.1.5　指向数组的指针变量的使用

C 语言规定：数组名是该数组的首地址，是地址常量。可以定义一个指针变量，并把这个指针指向该数组的起始地址，并通过对指针的运算完成对数组的访问。注意数组名的值不能改变，但指针是一个变量，其值可改变。

例如，引用一维数组元素 int a[10],*p=a;的方法有以下两种。

（1）下标法，如 a[i]，p[i]。

（2）地址法，如*(a+i)，*(p+i)。

对指向数组、字符串的的指针变量可以进行加减运算，如 p+n、p-n、p++、p--等。对指向同一数组的两个指针变量可以相减，但不可以相加。对指向不同类型的指针变量做加减运算是无意义的。

10.1.6　指针数组和多级指针

（1）一个数组，如果每个元素都是指针类型的，则它是指针数组。指针数组用来存放一系列地址。

（2）当定义的某个指针变量专门用来存放其他指针变量的地址时，这样的指针变量就称为指针的指针，也称二级指针。

10.1.7　指针作为函数的参数

指针变量可以作为函数的参数，所表示的意义是将实参的地址传递给形参，因此可以实现参数值的双向传递。如：

```
void func(int *a)
{
    *a=8;
}
void main()
{
    ...
    a=5
    func(&a);
    ...
}
```

执行结果，a 的值将改变为 8。

10.1.8　指针型函数及函数指针

（1）指针型函数是指函数的返回值是指针型的，即这类函数的返回值是地址数据。

指针型函数调用与一般函数的调用方法完全相同，唯一需要注意的是只能用指针变量或指针型数组元素来接受指针型函数的返回值。

（2）指向函数的指针称为函数指针，当把函数名赋给指针变量时，该指针变量的内容就是函数的存储地址。

函数指针的作用主要是把函数作为参数传送到其他函数。如果使指针变量指向不同的函数，将它的值传给被调用的函数中的形参时，能调用不同的函数。

10.2　实验要求

本章实验要求如下。

（1）掌握指针的概念和定义方法。

（2）掌握指针的操作符和指针的运算。

（3）掌握指针与数组的关系。

（4）掌握指针与字符串的关系。

（5）掌握指针作为函数的参数以及返回指针的函数。

（6）了解函数指针。

10.3　实验内容

10.3.1　指针基础及指针运算

1．实验目的

本实验旨在加强学生对指针数据类型的理解，熟悉指针的定义，通过指针间接访问变量。

2．实验方式

本实验采用一人一机的方式进行。

3．实验步骤

（1）定义一个整型指针变量 p，使它指向一个整型变量 a；定义一个浮点型指针 q，使它指向一个浮点型变量 b；同时定义另外一个整型变量 c 并赋初值 3。

（2）使用指针变量，调用 scanf 函数分别输入 a 和 b 的值。

（3）通过指针间接访问并输出 a、b 的值。

（4）按十六进制方式输出 p、q 的值以及 a、b 的地址。

（5）将 p 指向 c，通过 p 间接访问 c 的值并输出。

（6）输出 p 的值及 c 的地址，并与上面的结果进行比较。

4．实验程序

```
#include <stdio.h>
void main()
{
    int *p,a,c=3;
    float *q,b;
    p=&a;
```

```
        q=&b;
        printf("Please input the value of a,b:\n");
        scanf("%d%f",p,q);    /*使用指针 p 和 q 输入 a,b 的值*/
        printf("Result:\n");
        printf("    %d,%f\n",a,b);
        printf("    %d,%f\n",*p, *q);   /*通过指针 p 和 q 间接输出 a,b 的值*/
        printf("The address of a,b:%p,%p\n",&a, &b);
        printf("The address of a,b:%p,%p\n",p,q);    /*输出 p 和 q 的值并与上行输出结果进行比较*/
        p=&c;
        printf("c=%d\n",*p);
        printf("The address of c:%x,%x\n",p,&c);    /*输出 p 的值以及 c 的地址*/
}
```

5. 实验结果

```
Please input the value of a,b:
10 20↙   (键盘输入)
Result:
    10,20,000000
    10,20,000000
The address of a,b:0018FF40,0018FF34
The address of a,b:0018FF40,0018FF34
c=3
The address of c:18ff3c,18ff3c
```

6. 实验总结

（1）在 scanf 函数中，自第二个参数开始，必须使用地址或地址变量，例如，2scanf("%d",&a);表示输入一个整数到 a 的存储地址，实际上是为 a 输入一个值。

（2）指针 p 和 q 都是变量，因此可以指向不同的地址，但必须是同类型的。例如，上面程序中的 p=&a 和 p=&c。

（3）当执行 p=&a 后，a=5 和*p=5 是完全等价的用法。

（4）在 C 语言中，变量是可以改变的，但变量的地址是不可以改变的，因此，变量的地址可以理解为常量。

（5）使用 printf 来输出指针，可以使用%p、%x、%X 格式符来输出十六进制的地址值。

10.3.2　数据交换

从键盘上输入两个整数 a 和 b，编写函数 swap1 和 swap2 实现两个整数的交换，实参与形参的传递方式分别使用数值传递和地址传递，main 函数调用这两个函数实现。

1. 实验目的

本实验旨在加强学生对指针类型作为函数参数传递的理解，通常将实参传递给形参时，有两种方式，即按值传递和按地址传递，其中指针类型参数即是按地址传递。

2. 实验方式

本实验采用一人一机的方式进行。

3. 实验步骤

（1）定义两个函数，分别为 swap1 和 swap2，使用不同类型的参数实现交换。

（2）从主函数中分别输入两个整型变量。

（3）从主函数中分别调用上述两个交换函数，并打印输出交换后的结果。

4. 实验程序

```
#include <stdio.h>
void swap1(int x, int y);
void swap2(int *x, int *y);
void main()
{
    int a, b;
    printf("Please Input a=:");
    scanf("%d", &a);
    printf("b=:");
    scanf("%d", &b);
    swap1(a, b);
    printf("After Call swap1: a=%d  b=%d\n", a, b);
    swap2(&a, &b);   /* 实参传递 */
    printf("After Call swap2: a=%d  b=%d\n", a, b);
}
void swap1(int x, int y)
{
    int temp;
    temp=x;
    x=y;
    y=temp;
}
void swap2(int *x, int *y)
{
    int temp;
    /* 交换 x,y 地址上的值 */
    temp=*x;
    *x=*y;
    *y=temp;
}
```

5. 实验结果

```
Please Input a=:10✓
b=:20✓
After Call swap1: a=10  b=20
After Call swap2: a=20  b=10
```

6. 实验总结

第一个函数 swap1 定义时，形参是整型变量，实参与形参的传递方式是值传递；swap2 函数被调用时，实参的值将被传递给形参。实参变量与形参变量定义在不同函数中的局部变量，其存储地址不同，因此，在函数内交换的值对主函数中的值不会产生影响。

第二个函数 swap2 定义时，形参是整型指针变量，当它被调用时，实参的地址传给形参，此时实参变量与形参变量具有相同的内存存储地址，在函数内通过引用地址取值方式实现实参与形参的地址传递，从而通过 swap2 函数实现键盘上输入的数值的交换。

当使用指针作为形参时，实参必须是地址，也可以是数组名。

10.3.3 字符串反转及字符串连接

1. 实验目的

本实验旨在加强学生对字符指针以及将指针作为函数的返回类型的理解，并通过指针对字符串进行操作。通常来说，一个字符串在内存中是连续存放的，其开始地址为指向该字符串的指针值，字符串均以'\0'作为结束字符。

2. 实验方式

本实验采用一人一机的方式进行。

3. 实验步骤

（1）定义两个字符指针，通过 gets()函数输入两个字符串。

（2）定义一个函数 char *reverse(char *str)通过指针移动方式将字符串反转。

（3）定义一个函数 char *link(char *str1,char *str2)，通过指针移动方式将两个字符串连接起来。

（4）从主函数中分别调用上述函数，输入字符串并打印输出结果。

4. 实验程序

```
# include <stdio.h>
#define N 40
#define M 20
char *reverse(char *str);
char *link(char *str1, char *str2);
void main()
{
    char s[M]="hello",s1[N]="ew" ,s2[M]="erer";
    char *str=s, *str1=s1, *str2=s2;
    printf("Input Reversing Character String: ");
    gets(str);
    str2=reverse(str);
    printf("\nOutput Reversed Character String: ");
    puts(str2);
    printf("Input String1: ");
    gets(str1);
    printf("\nInput String2: ");
    gets(str2);
    str1=link(str1, str2);
    puts(str1);
}

char *reverse(char *str)
{
    char *p, *q, temp;
    p=str, q=str;
    while(*p!='\0')/ * 判断是否到达最后一个字符 */
        p++;
        p--;
    while(q < p)
    {
        temp=*q;
        *q=*p;
        *p=temp;
    /* 指针做相应的移动处理 */
    p--, q++;
    }
    return str; /* 插入返回结果 */
}
char *link(char *str1, char *str2)
{
```

```
    char *p, *q;
    p=str1;
    q=str2;
    while(*p!='\0')
      p++;
    while (*q!='\0')/ * 将 p 与 str2 连起来 */
    {
        *p=*q;
        q++;
        p++;
    }
    *p='\0';
    return str1;
```

5. 实验结果

```
Input Reversing Character String:class
Output Reversed Character String:ssalc
Input String1: hello ✓
Input String2: world✓
hello world
```

6. 实验总结

（1）编写第一个函数时，将字符串反转，需要使用到两个指针，一个指向起始字符，另一个指向结束字符，相向移动指针，并交换相应位置的字符。注意，这是一个循环过程，需要判断指针条件。

（2）编写第二个函数时，需要一个指针移动到第一个字符串的结束字符'\0'上，然后将该指针指向第二个字符串，并依次做赋值处理。

（3）使用返回指针的函数时，在函数最后需要使用 return 语句返回一个指针值。

10.4　综合实例

1. 实验目的

本实验旨在加强学生使用指针对数组进行操作的理解，通常数组的名称即整个数组的起始存储地址，可以定义一个指针指向它，然后通过指针移动来访问各个数组成员。

2. 实验方式

本实验采用一人一机的方式进行。

3. 实验步骤

（1）定义一个整型一维数组，任意输入数组的元素，其中包含奇数和偶数。

（2）定义一个函数，实现将数组元素奇数在左、偶数在右的排列。

（3）从上述定义的函数中，不允许再增加新的数组。

（4）从主函数中分别调用上述函数，打印输出结果。

4. 实验程序

```
#include <stdio.h>
#define N 10
void arrsort(int a[], int n);
void main()
```

```
{
    int a[N], i;
    printf("Please input 10 numbers:\n");
    for(i=0; i < N; i++)
        scanf("%d", &a[i]);
    arrsort(a, N);
    printf("After:\n");
    for(i=0; i< N; i++)
        printf("%d ", a[i]);
    }
void arrsort(int a[], int n)
{
    int *p, *q, temp;
    p=a;
    q=a+n-1;
    while(p<q){
        /* 找出下一个偶数和奇数*/
        while(*p % 2)
            p++;
        while(!(*q % 2))
            q--;
        temp=*p;
        *p=*q;
        *q=temp;
        p++, q--;/* 指针相向移动 */;
    }
}
```

5. 实验结果

```
Please input 10 numbers:
5 18 23 24 26 111 3 50 43 17✓
After:
5 17 23 43 3 111 26 50 24 18
```

6. 实验总结

（1）本练习中需要用到两个指针 p、q，p 向后移动直到遇到偶数，q 向前移动，直到遇到奇数，然后将 p、q 所指位置的元素进行交换，继续循环。

（2）一个指向一维数组的指针加 1 或减 1 运算将指向数组的下一个元素或前一个元素。

（3）在两个指针的移动过程中，注意处理循环结束条件。

10.5　实验总结

本章实验主要使用指针完成常用算法。从理论上熟悉指针的定义和指针变量的概念，正确使用数组的指针和指向数组的指针变量；掌握字符串的指针和指向字符串的指针变量；了解指向指针的概念及其使用方法。本章实验在理解上是难点，多做多练，仔细领会每一个实验题目的算法本质。

第11章
结构体和共同体

11.1 实验知识

11.1.1 结构体变量的定义和引用

构造类型由相同或不同的数据类型组合而成。用户自己定义的一种用来存放不同类型数据的数据类型称为结构体类型。

定义结构体类型的一般形式为：

```
struct 结构体名
{
    成员表列;
};
```

成员表列由若干个成员组成，每个成员都是该结构体的一个组成部分。对每个成员也必须做类型说明，其形式为：

```
类型说明符 成员名;
```

定义结构体变量有 3 种方法：第一种是先定义结构体类型，然后定义结构体变量；第二种是在定义结构体类型的同时定义结构体变量；第三种定义无名称的结构体类型同时定义变量。

在程序中使用结构体变量，可以有两种方法。

（1）将结构体变量作为一个整体来使用。

可以将一个结构体变量作为一个整体赋给另一个结构体变量，条件是这两个变量必须具有相同的结构体类型。

（2）引用结构体变量中的成员。

表示结构体变量成员的一般形式是：

```
结构体变量名.成员名
```

其中的圆点运算符称为成员运算符，它的运算级别是最高的。

一个结构体变量只能存放一个对象的数据，当处理多个对象时，应该使用结构体数组，也即数组中每一个元素都是一个结构体变量。

定义结构体数组的方法和结构体变量相似，只须说明它为数组类型即可。

【例 11.1】　用结构体数组建立 10 名学生信息，并查询。

```
/*例11.1用结构体数组建立10名学生信息，并查询*/
#include <stdio.h>
#define NUM 10
struct student
{
    int num;
    char name[10];
    int age;
    float score[3];

};
voidmain()
{
    struct student stu[NUM];
    int i,j,number;
    for (i=0;i<NUM;i++)      /*输入学生信息*/
    {
        printf("input num,name,age,three score:\n");
        scanf("%d%s%d%f%f%f",&stu[i].num,stu[i].name,&stu[i].age,  &stu[i].score[0],
&stu[i].score[1],&stu[i].score[2]);
    }
    printf("input the number of the student:\n");
    scanf("%d",&number);
    for (i=0;i<NUM;i++)   /*查询信息*/
    {
        if (number==stu[i].num)
        {
            printf("name=%s\nage=%d\n",stu[i].name,stu[i].age);
            for (j=0;j<3;j++)
                printf("%6.2f",stu[i].score[j]);
            break;
        }
    }
    printf("\n");
}
```

　　　　很少整个使用数组，一般使用的是数组元素；很少整个使用结构体变量，一般使用的是结构体变量的成员。

11.1.2　结构体指针

可以用一个指针指向结构体变量，指向结构体变量的指针的值是所指向的结构体变量的首地址。通过结构体指针可以访问该结构体变量。

结构体指针变量说明的一般形式为：

　　struct 结构体名 *结构体指针变量名;

有了结构体指针变量，就能更方便地访问结构体变量的各个成员。其访问的一般形式为：

　　(*结构体指针变量).成员名

或为：

结构体指针变量->成员名

【例 11.2】 使用指向结构体变量的指针来访问输出结构体变量的各个成员的值。
程序如下。

```
/*例11.2 指向结构体变量的指针的简单应用*/
#include <stdio.h>
Void main()
{
    struct student
    {
      int num;
      char *name;
      char sex;
      float score;
    } stu1={102,"Zhang ping",'M',78.5},*pstu;
    pstu=&stu1;
    printf("Number=%d\nName=%s\n",stu1.num,stu1.name);
    printf("Sex=%c\nScore=%6.2f\n\n",stu1.sex,stu1.score);
    printf("Number=%d\nName=%s\n",(*pstu).num,( *pstu).name);
    printf("Sex=%c\nScore=%6.2f\n\n",(*pstu).sex,( *pstu).score);
    printf("Number=%d\nName=%s\n",pstu->num,pstu->name);
    printf("Sex=%c\nScore=%6.2f\n\n",pstu->sex,pstu->score);
}
```

11.1.3 链表

链表是动态地进行存储分配的一种结构。结点一般定义如下。

```
struct 结构体名
{ 数据成员列表;
   struct 结构体名 *next;
};
```

经常使用如下内存管理函数。

```
void *malloc(unsigned size);
```

在内存的动态存储区中分配一块长度为"size"字节的连续区域。函数的返回值为该区域的首地址。

```
void *calloc(unsigned n,unsigned size);
```

在内存动态存储区中分配 n 块长度为"size"字节的连续区域。函数的返回值为该区域的首地址。

```
void free(void *p);
```

释放 p 所指向的一块内存空间，p 是一个任意类型的指针变量，它指向被释放区域的首地址。被释放区应是由 malloc 或 calloc 函数所分配的区域。

【例 11.3】 编写一个建立有 n 个结点的链表的函数 create。

```
#include <stdio.h>
#include <stdlib.h>
#define LEN sizeof (struct student)
struct student
```

```
{
    int num;
    float score;
    struct student *next;
 };
struct student *create(int n);
voidmain()
{
    struct student *p;
    p=create(3);
    while (p!=NULL)
    {
        printf("%d,%6.2f\n",p->num,p->score);
        p=p->next;
    }
}

struct student *create(int n)
{
    struct student *head, *p1, *p2;
    int i;
    head=p2=(struct student*) malloc(LEN);
    printf("input num and  score\n");
    scanf("%d%f",&p2->num,&p2->score);
    for(i=2;i<=n;i++)
    {
      p1=(struct student*) malloc(LEN);
      printf("input Number and  score\n");
      scanf("%d%f",&p1->num,&p1->score);
      p2->next=p1;
      p2=p1;
    }
    p2->next=NULL;
    return(head);
}
```

11.1.4　共用体

使几个不同类型的变量共同占用一段内存的结构，称为"共用体"。设置这种数据类型的主要目的是节省内存。

定义共用体类型变量的一般形式为：

```
union 共用体名
{
    成员表列;
}变量表列;
```

共用体中每个成员所占用的内存单元是连续的，而且都是从分配的连续内存单元中第一个内存单元开始存放，共用体所占的内存长度等于最长的成员的长度。因此，所有成员的首地址是相同的。

共用体变量的引用方式为：

```
共用体变量名.成员名
```

11.2 实验要求

本章实验要求如下。

（1）掌握结构体类型变量的定义和使用。

（2）掌握结构体类型数组的定义和使用。

（3）掌握链表的概念，掌握利用指向结构体的指针成员构成链表的基本算法。

（4）掌握共用体的概念和使用。

11.3 实验内容

11.3.1 结构体变量的应用

定义一个结构体变量（包括年、月、日）。计算该日在本年中是第几天？注意闰年问题。

1. 实验目的

（1）巩固学生对结构体这种数据结构概念的理解。

（2）掌握结构体类型的定义、结构体变量的定义及使用。

2. 实验方式

本实验采用一人一机的方式进行。

3. 实验步骤

定义无名称的结构体类型，同时定义变量，结构体类型含有年、月、日3个成员。

利用循环计算天数。

利用分支语句，闰年并且月份大于等于3时，比不是闰年的要加1天。

4. 实验程序

```
#include <stdio.h>
struct
{
    int year;
    int month;
    int day;
}date;
void main()
{
    int i,days;
    int day_tab[13]={0,31,28,31,30,31,30,31,31,30,31,30,31};
    printf("input year,month,day:\n");
    scanf("%d%d%d",&date.year,&date.month,&date.day);
    days=0;
    for (i=1;i<date.month;i++)
        days=days+day_tab[i];
    days=days+date.day;
    if ((date.year%4==0 && date.year%100!=0 ||date.year%400==0) &&date.month>=3)
        days=days+1;
```

```
    printf("%d/%d is %dth day in %d.\n",date.month,date.day,days,date.year);
}
```

5.　实验结果

```
input year,month,day:
2008 3 1
3/1 is 61th day in 2008.
```

6.　实验延伸

考虑 day_tab 使用二维数组，一行是闰年，一行不是闰年。

11.3.2　结构体数组的使用

在选举中进行投票，包含候选人姓名、得票数，假设有多位候选人，用结构体数组统计各候选人的得票数。

1.　实验目的

（1）巩固学生对结构体这种数据结构概念的理解。

（2）掌握结构体数组的定义及使用。

（3）学会利用结构体数组解决问题。

2.　实验方式

本实验采用一人一机的方式进行。

3.　实验步骤

定义结构体类型 struct person，含有姓名（name）、选票数（count）两个成员。

定义结构体数组，并进行初始化。

利用嵌套循环。外层表示参加投票的人数。内层循环表示每输入一个名字，就与 6 个候选人的名字比较。

4.　实验程序

```
#include <stdio.h>
#include <string.h>
struct person
{   char name[20];
    int count;
}a[6]={"zhang",0,"li",0,"wang",0,"zhao",0,"liu",0,"zhu",0};
void main( )
  {   int i,j;
      char abc[20];
      for(i=1;i<=10;i++)
      {   printf("输入候选人名字: ");
          scanf("%s",abc);
          for(j=0;j<6;j++)
            if(strcmp(abc,a[j].name)==0)   a[j].count++;
}
for(j=0;j<6;j++)
   printf("%s:%d\n",a[j].name,a[j].count);
}
```

5.　实验结果

输入候选人名字: zhang
输入候选人名字: liu

输入候选人名字：wang

输入候选人名字：zhang

输入候选人名字：zhang

输入候选人名字：zhao

输入候选人名字：zhang

输入候选人名字：li

输入候选人名字：li

输入候选人名字：zhu

zhang:4

Li:2

wang:1

zhao:1

liu:1

zhu:1

11.3.3　链表的应用

建立一个简单的动态链表并输出。

1．实验目的

（1）巩固学生对动态链表的理解。

（2）练习内存管理函数。

（3）学会利用指针建立和输出链表。

2．实验方式

本实验采用一人一机的方式进行。

3．实验步骤

create 函数用于建立一个有 n 个结点的链表，它是一个指针函数，它返回的指针指向 struct student 结构。在 create 函数内定义了 3 个指向 struct student 结构体变量的指针变量。head 为头指针，p1 指向新开辟的结点，p2 指向链表的尾结点。通过 p2->next=p1;将结点相连。

4．实验程序

```c
#include <stdio.h>
#include <stdlib.h>
#define LEN sizeof (struct student)
struct student
{
    int num;
    float score;
    struct student *next;
};
struct student *create(int n);
voidmain()
{
    struct student *p;
    p=create(3);
    while (p!=NULL)
    {
        printf("%d,%6.2f\n",p->num,p->score);
        p=p->next;
    }
}
```

```
struct student *create(int n)
{
    struct student *head, *p1, *p2;
    int i;
    head=p2=(struct student*) malloc(LEN);
    printf("input num and  score\n");
    scanf("%d%f",&p2->num,&p2->score);
    for(i=2;i<=n;i++)
    {
       p1=(struct student*) malloc(LEN);
       printf("input Number and  score\n");
       scanf("%d%f",&p1->num,&p1->score);
       p2->next=p1;
       p2=p1;
    }
    p2->next=NULL;
    return(head);
}
```

5．实验结果

```
input num and  score
1000  98
input num and  score
1001  89
input num and  score
1005  79
input num and  score
1007  87
input num and  score
1010  76
1000,98
1001,89
1005,79
1007,87
1010,76
```

11.3.4 共用体的应用

学校的教师和学生填写如下表格：编号、姓名、年龄、职业、单位。"职业"一项可分为"教师"和"学生"两类。对"单位"一项，学生需要填入班级编号，教师应填入院系教研室。显然，对第五项可以用共用体来处理，将 class 和 major 放在同一段内存中。要求输入人员的数据，然后再输出，如表 11-1 所示。

表 11-1   人员数据清单

num	name	Age	job	class/major
101	Li	18	s	501
102	Wang	38	t	computer

1．实验目的

（1）巩固学生对结构体、共用体这种数据结构概念的理解。

（2）掌握结构体数组的定义及使用。

（3）掌握共用体的使用。

2. 实验方式

本实验采用一人一机的方式进行。

3. 实验步骤

定义结构体类型，含有 5 个成员：num、name、age、job、category。

category 为共用体类型，含有两个成员：class、major。

定义结构体数组。

根据成员 job，决定 categroy。

4. 实验程序

```c
#include <stdio.h>
#define N 10
struct
{
    int num;
    char name[10];
    int age;
    char job;
    union
    {
        int class;
        char major[20];
    }category;
}person[N];

voidmain()
{
    int i;
    for (i=0;i<N;i++)
    {
        printf("please input num,name,age,job,class/major:\n");
        scanf("%d%s%d%*c%c",&person[i].num,person[i].name,&person[i].age,&person[i].job);
        if (person[i].job=='s')
            scanf("%d",&person[i].category.class);
        else if (person[i].job=='t')
            scanf("%s",person[i].category.major);
        else
            printf("input error!\n");
    }
    printf("No  name    age   job   class/major:\n");
    for (i=0;i<N;i++)
    {
        printf("%-6d%-7s%-6d%-4c",person[i].num,person[i].name,person[i].age,person[i].job);
        if (person[i].job=='s')
            printf("%-10d\n",person[i].category.class);
        else
            printf("%s\n",person[i].category.major);
    }
}
```

5. 实验调试

```
please input num,name,age,job,class/major:
101 li 18 s 501
please input num,name,age,job,class/major:
102 wang 38 t computer
please input num,name,age,job,class/major:
105 zhang 18 s 501
please input num,name,age,job,class/major:
108 huang 40 t science
please input num,name,age,job,class/major:
110 liu  18 s 503
No   name   age   job   class/major:
101  li     18    s     501
102  wang   38    t     computer
105  zhang  18    s     501
108  huang  40    t     science
110  liu    18    s     503
```

11.4 综合实例

（1）**编写一个学生信息排序程序**。要求如下。

① 程序运行时可输入 *n* 个学生的信息和成绩（*n* 预先定义）。

② 学生信息包括：学号、姓名；学生成绩包括：高等数学、物理、计算机。

③ 给出一个排序选择列表，能够按照上述所列信息（学号、姓名、高等数学、物理、计算机）中的至少一个字段进行排序，并显示其结果。

④ 使用函数方法定义各个模块。

a. 实验步骤。

定义结构体类型 struct student，然后定义该类型的结构体数组 stu1[N]，N 为符号常量。各排序和普通的利用数组排序相同，只是排序的是结构体数组的成员。例如按照学号排序，则对 stu1[N].stunum 排序。

函数 void sortselect(int *select)是给出选项列表，并通过以指针 select 参数的传递，得到排序的选择返回到主函数中。

b. 参考程序如下。

```c
#include <stdio.h>
#include <string.h>
#define N 3
struct student
{ int stunum;
  char stuname[10];
  int math;
  int physics;
  int computer;
  int sum;
};
```

```
void printspace()
{ int i;
    for(i=0;i<40;i++)printf("_");
  printf("\n");
}

void printinformation(struct student stu[])
{ int i;
  printf("stuNum stuName math  physics  computer sum sort:\n");
  printspace();
  for(i=0;i<N;i++)
{ printf("%6d%10s%6d%6d%6d%6d",stu[i].stunum,stu[i].stuname,
stu[i].math,stu[i].physics,stu[i].computer,stu[i].sum,i+1);
    printf("\n");
  }
  printspace();
}

void readinformation(struct student stu[])
{ int i;
  printf("Input %d student information:\n",N);
  for(i=0;i<N;i++)
  { printf("Input the %d student stunum:",i+1);
    scanf("%d",&stu[i].stunum);
    printf("Input the %d student stuname:",i+1);
    scanf("%s",stu[i].stuname);
    printf("Input the %d student math score:",i+1);
    scanf("%d",&stu[i].math);
    printf("Input the %d student physics score:",i+1);
    scanf("%d",&stu[i].physics);
    printf("Input the %d student computer score:",i+1);
    scanf("%d",&stu[i].computer);
    stu[i].sum=stu[i].math+stu[i].physics+stu[i].computer;
  }
}

void sortbystunum(struct student stu[])
{ int i,j;
  struct student t;
  for(i=0;i<N-1;i++)
    for(j=0;j<N-i-1;j++)
      if(stu[j].stunum<stu[j+1].stunum)
      { t=stu[j];stu[j]=stu[j+1];stu[j+1]=t;}
}

void sortbystuname(struct student stu[])
{ int i,j;
  struct student t;
   for(i=0;i<N-1;i++)
     for(j=0;j<N-i-1;j++)
       if(strcmp(stu[j].stuname,stu[j+1].stuname)<0)
       { t=stu[j];stu[j]=stu[j+1]; stu[j+1]=t;}
   }

   void sortbymath(struct student stu[])
   { int i,j;
```

```
     struct student t;
     for(i=0;i<N-1;i++)
       for(j=0;j<N-i-1;j++)
         if(stu[j].math<stu[j+1].math)
       { t=stu[j];stu[j]=stu[j+1];stu[j+1]=t;}
}


void sortbyphysics(struct student stu[])
{ int i,j;
   struct student t;
   for(i=0;i<N-1;i++)
    for(j=0;j<N-i-1;j++)
     if(stu[j].physics<stu[j+1].physics)
    { t=stu[j];stu[j]=stu[j+1];stu[j+1]=t;}
}


void sortbycomputer(struct student stu[])
{ int i,j;
   struct student t;
   for(i=0;i<N-1;i++)
    for(j=0;j<N-i-1;j++)
     if(stu[j].computer<stu[j+1].computer)
    { t=stu[j];stu[j]=stu[j+1];stu[j+1]=t;}
}
void sortbysum(struct student stu[])
{ int i,j;
   struct student t;
   for(i=0;i<N-1;i++)
     for(j=0;j<N-i-1;j++)
       if(stu[j].sum<stu[j+1].sum)
       { t=stu[j];stu[j]=stu[j+1];stu[j+1]=t;}
}


void sort(struct student stu[],int p)
{ switch(p)
    { case 1: sortbystunum(stu);    break;
      case 2: sortbystuname(stu);   break;
      case 3: sortbymath(stu);       break;
      case 4: sortbyphysics(stu);   break;
      case 5: sortbycomputer(stu);  break;
      case 6: sortbysum(stu);        break;
      default: printf("thanks!\n"); break;
    }
}
void sortselect(int *select)
{ printf("\n\nplease select the num of sort !\n");
   printspace();
   printf("1: stunum    2: stuname \n");
   printf("3: math      4: physics \n");
   printf("5: computer 6: sum      \n");
   printf("0: exit!\n");
   printspace();
   printf("\nYour choice:");
   scanf("%d",select);
}
```

```
void main()
{ int selectnum;
  struct student stu1[N];
  readinformation(stu1);
  sortselect(&selectnum);
  while(selectnum!=0)
  { sort(stu1,selectnum);
    printinformation(stu1);
    sortselect(&selectnum);
  }
}
```

c. 实验调试。

```
Input 3 student information:
Input the 1 student stunum: 1000
Input the 1 student stuname: sarah
Input the 1 student math score:89
Input the 1 student physics score: 98
Input the 1 student computer score:88
Input the 2 student stunum: 1003
Input the 2 student stuname:  linda
Input the 2 student math score:98
Input the 2 student physics score: 77
Input the 2 student computer score:91
Input the 3 student stunum: 1005
Input the 3 student stuname:  ellen
Input the 3 student math score:93
Input the 3 student physics score: 90
Input the 3 student computer score:90

please select the num of sort !\

_____

1: stunum   2: stuname
3: math4: physics
5: computer 6: sum
0: exit!

_____

Your choice:3
stuNum stuName math  physics  computer sum sort:

_____

1003    linda   98    77    91   266
1005    ellen   93    90    90   273
1001    sarah   89    98    88   275

_____

please select the num of sort !\

_____

1: stunum   2: stuname
3: math4: physics
5: computer 6: sum
0: exit!

_____

please select the num of sort !\
0
Press any key to continue
```

（2）建立一个链表，链表中每个结点包括：学号、姓名、年龄。输入一个年龄，如果链表中的结点所包含的年龄等于此年龄，则将此结点删除。

① 实验步骤。

```
struct student *create(int n);完成链表的建立
void print(struct student *head);输出链表
struct student *del(struct student *head,int age);删除年龄相同的结点
```

main 函数首先要求用户输入结点的个数，然后调用 create 函数建立链表。

在 del 函数中，注意年龄相同的结点不一定是一个。通过

```
while (age!=p1->age && p1->next!=NULL)
      { p2=p1;p1=p1->next;}
```

确定第一个年龄相同的结点；删除结点后，以删除结点的后一个结点作为搜索的第一个结点，p1=p1->next，再继续查找，直到最后一个结点。

② 参考程序如下。

```
#include <stdio.h>
#include <stdlib.h>
#define LEN sizeof (struct student)
struct student
{
    int num;
    float score;
    int age;
    struct student *next;
 };
struct student *create(int n);
void print(struct student *head);
struct student *del(struct student *head,int age);
voidmain()
{
    struct student *p;
    int n,age;
    printf("please input nodes number:\n");
    scanf("%d",&n);
    p=create(n);
    print(p);
    printf("input the deleted age:\n");
    scanf("%d",&age);
    p=del(p,age);
    print(p);
}

struct student *create(int n)
{
    struct student *head, *p1, *p2;
    int i;
    head=p2=(struct student*) malloc(LEN);
    printf("input Number and  score and age\n");
    scanf("%d%f%d",&p2->num,&p2->score,&p2->age);
    for(i=2;i<=n;i++)
    {
```

```
        p1=(struct student*) malloc(LEN);
        printf("input Number and  score and age\n");
        scanf("%d%f%d",&p1->num,&p1->score,&p1->age);
        p2->next=p1;
        p2=p1;
    }
    p2->next=NULL;
    return(head);
    }
void print(struct student *head)
{
    struct student *p;
    p=head;
    while (p!=NULL)
    {
        printf("%d,%6.2f,%d\n",p->num,p->score,p->age);
        p=p->next;
    }
}
struct student *del(struct student *head,int age)
{
    struct student *p1, *p2;
    if (head==NULL) {printf("\n list null\n");return head;}
    p1=head;
    while (p1!=NULL)
    { while (age!=p1->age && p1->next!=NULL)
        /*p1 指向的不是所要找的结点，并且后面还有结点*/
        { p2=p1;p1=p1->next;}
        if (age==p1->age)
        {
         if (p1==head)
            head=p1->next;
         else
            p2->next=p1->next;
        }
        p1=p1->next;
    }
    return head;
}
```

③ 实验调试。

```
please input nodes number:4
input Number and  score and age
1000 87 18
input Number and  score and age
1001 89 17
input Number and  score and age
1005 78 16
input Number and  score and age
1007 95 18
1000,87,18
1001,89,17
1005,78,16
1007,95,18
Input the deleted age
18
```

```
1001,89,17
1005,78,16
```

11.5　实验总结

　　本章实验主要练习了结构体和共用体两种构造数据类型的应用。需要掌握结构体类型、结构体变量、结构体数组的定义和应用；掌握利用指向结构体的指针成员构成链表的方法，掌握链表的数据输入、输出、插入结点、删除结点等操作；了解共用体的应用。通过本章的学习，锻炼学生利用编程解决实际问题的能力。

第 **12** 章

文件

12.1　实验知识

12.1.1　文件指针

在缓存文件系统中，每个被使用的文件，都会在内存中开辟一个区域，存放被调入内存的文件信息，并用一个文件类型的指针变量指向被使用的文件，这个指针称为文件指针。它实际上是由系统定义的一个结构体，名称为 FILE，该结构体中含有文件名、文件状态和文件当前位置等信息。

通过文件指针就可以对它所指的文件进行各种操作。定义说明文件指针的一般形式为：

```
FILE *指针变量标识符;
```

其中 FILE 应为大写，在编程序时可以不考虑 FILE 结构的细节。例如：

```
FILE *fp;
```

表示 fp 是指向 FILE 结构的指针变量，通过 fp 即可找到存放某个文件信息的结构变量，然后按结构变量提供的信息找到该文件，实施对文件的操作。习惯上也笼统地把 fp 称为指向一个文件的指针。

12.1.2　文件的打开与关闭

文件在进行读写操作之前要先打开，使用完毕要关闭。所谓打开文件，实际上是建立文件的各种有关信息，并用文件指针指向该文件，以便进行其他操作。关闭文件则断开指针与文件之间的联系，也就是禁止再对该文件进行操作。

在 C 语言中，文件的打开和关闭是通过 fopen 和 fclose 函数实现的。

1. 文件打开函数 fopen

文件打开函数的原型是在 stdio.h 头文件中定义的 fopen 函数，其格式为：

```
fopen("文件名", "使用文件方式");
```

即：FILE *fp;

```
fp=fopen("文件名","使用文件方式");
```

其中，fp 是文件指针名，必须是用 FILE 类型定义的指针变量；"文件名"是被打开文件名的字符串常量或该串的首地址值。

例如：

```
FILE *fp;
fp=fopen("file1.txt", "r");  //只读方式打开文本文件 file1.txt
```

"使用文件方式"是指文件的类型和操作方式，详细信息请参阅《C 语言程序设计》第 12 章。通常，用下面的方法打开一个文件。

```
if((fp=fopen("file","r"))==NULL)
{
    printf("cannot open this file\n");
    exit(0);    /*终止正在运行的程序*/
}
```

2. 文件关闭函数 fclose

在 C 语言中，使用完一个文件后应该用 fclose 函数关闭文件，释放其占用的内存空间，使文件指针变量与文件"脱钩"，此后不能再通过该指针对原来与其相联系的文件进行读写操作。fclose 函数调用的一般形式为：

```
fclose(文件指针);
```

例如：

```
fclose(fp);
```

表示关闭由文件指针 fp 当前指向的文件，收回其占有的内存空间，取消文件指针 fp 的指向。如果在程序中同时打开多个文件，使用完后必须多次调用 fclose 函数将文件逐一关闭。关闭成功返回值为 0；否则返回 EOF（-1）。

12.1.3 文件的读写

对文件的读和写是最常用的文件操作。C 语言提供的文件读写函数主要有：

- 字符读写函数：fgetc 和 fputc。
- 字符串读写函数：fgets 和 fputs。
- 数据块读写函数：fread 和 fwrite。
- 格式化读写函数：fscanf 和 fprinf。

使用以上函数需要包含头文件 stdio.h，下面对以上函数的用法进行简单介绍。

1. 字符读写函数 fgetc 和 fputc

字符读写函数是以字符（字节）为单位的读写函数。每次可从文件读出或向文件写入一个字符。

（1）读字符函数 fgetc

fgetc 函数的功能是从指定的文件中读一个字符，函数调用的形式为：

```
字符变量=fgetc(文件指针);
```

例如：

```
ch=fgetc(fp);
```

其意义是从打开的文件 fp 中读取一个字符并送入 ch 中。

（2）写字符函数 fputc

fputc 函数的功能是把一个字符写入指定的文件中，函数调用的形式为：

```
fputc(字符数据,文件指针);
```

其中，待写入的字符数据可以是字符常量或变量，例如：

```
fputc('a',fp);
```

其含义是把字符 a 写入 fp 所指向的文件中。

2. 字符串读写函数 fgets 和 fputs

（1）读字符串函数 fgets

fgets 函数的功能是从指定的文件中读取一个字符串到字符数组中，函数调用的形式为：

```
fgets(字符数组名,n,文件指针);
```

其中，n 是一个正整数，表示从文件中读出的字符串不超过 n−1 个字符。在读入的最后一个字符后加上串结束标志'\0'。例如：

```
fgets(str,n,fp);
```

其含义是从 fp 所指的文件中读出 n−1 个字符送入字符数组 str 中。

（2）写字符串函数 fputs

fputs 函数的功能是向指定的文件写入一个字符串，其调用形式为：

```
fputs(字符串,文件指针);
```

其中，字符串可以是字符串常量，也可以是字符数组名，或指针变量，例如：

```
fputs("abc123",fp);
```

其含义是把字符串"abc123"写入 fp 所指的文件之中。

3. 数据块读写函数 fread 和 fwtrite

C 语言还提供了用于整块数据的读写函数。可用来读写一组数据，如一个数组元素，一个结构变量的值等。

读数据块函数调用的一般形式为：

```
fread(buffer,size,count,fp);
```

写数据块函数调用的一般形式为：

```
fwrite(buffer,size,count,fp);
```

其中：

buffer 是一个指针。在 fread 函数中，它表示存放输入数据的首地址。在 fwrite 函数中，它表示存放输出数据的首地址。

size 表示数据块的字节数。

count 表示要读写的数据块块数。

fp 表示文件指针。

例如：

```
fread(fa,4,5,fp);
```

其含义是从 fp 所指的文件中，每次读 4 字节（一个实数）送入实数组 fa 中，连续读 5 次，即读 5 个实数到 fa 中。

4. 格式化读写函数 fscanf 和 fprintf

fscanf 函数和 fprintf 函数与前面使用的 scanf 和 printf 函数的功能相似，都是格式化读写函数。两者的区别在于 fscanf 函数和 fprintf 函数的读写对象不是键盘和显示器，而是磁盘文件。这两个函数的调用格式为：

```
fscanf(文件指针,格式字符串,输入表列);
fprintf(文件指针,格式字符串,输出表列);
```

例如：

```
fscanf(fp,"%d%s",&i,s);
fprintf(fp,"%d%c",j,ch);
```

12.2　实验要求

本章实验要求如下。

（1）掌握文件和文件指针的概念以及定义方法。

（2）了解文件打开和关闭的概念和方法。

（3）掌握有关文件操作的函数。

（4）能够利用文件读写函数，编程实现对文件的简单操作。

12.3　实验内容

（1）编写程序，把一个文件的内容复制到另一个文件上，在复制时把大写字母改为小写字母。

（2）用两种方法输出一个文本文件的内容。

（3）从键盘输入 10 条记录存入 data.dat 文件。

（4）从键盘输入 4 个学生的相关数据，将其存入到磁盘文件 stu.dat，并输出 stu.dat 文件的内容到屏幕。

（5）5 名学生，期末考试每人有 4 门课：数学，物理，英语和语文。从键盘上输入每位学生的数据，计算出平均分，将原有文件和计算出的平均分放在文件 score.dat 中。

12.4　实验参考答案

（1）本实验考查文件指针的定义，文件的打开和关闭，以及通过 fgetc 和 fputc 函数对文件进行读写操作。参考程序如下。

```c
#include <stdio.h>
#include <stdlib.h>
void main( )
{
    FILE *fp1, *fp2;
    char ch;
    if((fp1=fopen("origin.txt","r"))==NULL)
    {
        printf("File read error!");
        exit(0);
    }
```

```
    if((fp2=fopen("copy.txt","w"))==NULL)
    {
        printf("File read error!");
        exit(0);
    }

    while(!feof(fp1))
     {
        ch=fgetc(fp1);
        if(ch>=65&&ch<=90)                /*大写字母的ASCII码为65到90*/
            ch=ch+32;
        fputc(ch,fp2);
     }
        fclose(fp1);
        fclose(fp2);
}
```

（2）本实验通过输入文件路径打开文件，对文件进行读写操作，进一步考查文件指针变量的定义，文件的打开和关闭操作，以及通过 fgetc 和 fputc 函数或 fgets 和 fputs 函数对文件进行读写操作。参考程序如下。

方法一：用 fgetc 和 fputc 函数进行文件读写。

```
#include <stdio.h>
#include <stdlib.h>
void main( )
{
    FILE *fp;
    char ch;
    char filename[10];
    printf("The filename is:");
    scanf("%s",filename);
    if((fp=fopen(filename,"r"))==NULL)
    {
        printf("File read error!\n");
        exit(0);
    }
    while(!feof(fp))
    {
        ch=fgetc(fp);
        fputc(ch,stdout);
    }
    fclose(fp);
}
```

方法二：用 fgets 和 fgets 函数进行文件读写。

```
#include <stdio.h>
#include <stdlib.h>
#define N 20
void main( )
{
    FILE *fp;
    char ch[N];
    char filename[10];
    printf("The filename is:");
    scanf("%s",filename);
```

```
    if((fp=fopen(filename,"r"))==NULL)
    {
        printf("File read error!\n");
        exit(0);
    }
    while(!feof(fp))
    {
        fgets(ch,N,fp);
        fputs(ch,stdout);
    }
    fclose(fp);
}
```

（3）本实验考查文件的打开和关闭，以及通过将 fprintf 函数嵌入循环结构中，对文件进行读写操作，参考程序如下。

```
#include <stdio.h>
void main()
{
    FILE *fp;
    int i;
    float x;
    fp=fopen("date.dat","w");
    for(i=1;i<=100;i++)
    {
        scanf("%f",&x);
        fprintf(fp,"%f\n",x);
    }
    fclose(fp);
}
```

（4）本实验通过定义学生结构体类型，利用 fwrite 函数将学生信息写入文件，考查对文件的块读写操作，参考程序如下。

```
#include <stdio.h>
#include <stdlib.h>
struct student_type
{
  char name[10];
  int num;
  int age;
  char addr[30];
}stud[4];
void save()
{
  FILE *fp;
  int i;
  if((fp=fopen("stu.dat","wb"))==NULL)
  {
    printf("The file can not be written!");
    exit(0);
  }
  for(i=0;i<4;i++)
    fwrite(&stud[i],sizeof(struct student_type),1,fp);
  fclose(fp);
}
```

```
void main()
{
  int i;
  for(i=0;i<4;i++)
    scanf("%s%d%d%s",stud[i].name,&stud[i].num,&stud[i].age,stud[i].addr);
  save();
}
```

（5）本实验通过从键盘输入数据和读取文件数据进行运算，并将计算结果重新写入文件，主要考查文件的读写、结构体、循环结构和自定义函数等知识相结合的综合编程能力，参考程序如下。

```
#include <stdio.h>
#include <stdlib.h>
#define N 5
struct student
{
  int num;
  char name[10];
  int score[4];
  float average;
}stud[N];
void save()
{
  FILE *fp;
  if((fp=fopen("score.dat","wb"))==NULL)
  {
    printf("The file can not be written!");
    exit(0);
  }
  if((fwrite(stud,sizeof(struct student),N,fp))!=N)
  {
    printf("Error writing to the file!\n");
    exit(0);
  }
}
void print()
{
  int i;
  for(i=0;i<5;i++)
    printf("学生%d 的学号为%d,姓名为%s,平均分为%f\n",i,stud[i].num, stud[i].name,stud
[i]. average);
}
void main()
{
  int i,j,k;
  float temp;
  for(i=0;i<N; i++)
  {
    scanf("%d%s",&stud[i].num,stud[i].name);
    for(j=0;j<4;j++)
      scanf("%d",&stud[i].score[j]);
    temp=0;
    for(k=0;k<4;k++)
    {
      temp+=stud[i].score[k];
    }
```

```
        stud[i].average=temp/4;
    }
    save();
    print();
}
```

第 13 章
综合实例

13.1 实验知识

本章为综合实例，针对一个实际应用问题，综合使用本课程基础知识，并加以拓宽、提高，同时增加其他函数的使用，对同一个问题选择不一样的方法解决。

要求熟练掌握本课程所学语言的基本知识：数据类型（整型、实型、字符型、指针、数组、结构等）；运算类型（算术运算、逻辑运算、自增自减运算、赋值运算等）；程序结构（顺序结构、选择结构、循环结构）；分解的方法（即函数的使用）；数组、结构体；文件的读写操作等。

13.2 实验要求

本章实验要求如下。

掌握所学语言程序设计的方法，熟悉所学语言的开发环境及调试过程，熟悉所学语言中的数据类型、数据结构、语句结构、运算方法，巩固和加深对理论课中知识的理解，提高学生对所学知识的综合运用能力。通过综合实例的设计要求掌握下列基本技能。

（1）培养查阅参考资料、手册的自学能力，通过独立思考深入钻研问题，学会自己分析、解决问题。

（2）通过对题目方案的分析、比较，确立方案，编制与调试程序，初步掌握程序设计的方法，能熟练调试程序。

（3）系统设计要做到结构清晰、可用性好、功能完善，并做到用户界面良好，有输入/输出功能。在实现实验基本要求后，设计要具有一定的实用价值。

13.3 实验内容

13.3.1 问题描述

本案例是一个界面程序案例，用户通过界面可以选择：考考我智力、PK 电脑玩划拳、超市价格猜猜猜、电脑随机发扑克牌、退出系统。

实现的界面效果如图 13-1 所示。

问题描述如下。

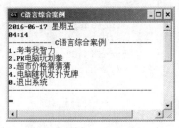

图 13-1　界面效果

1. 考考我智力

"考考我智力"的题目：新娘新郎问题。有人参加婚礼，发现 3 个新郎为 A、B、C，3 个新娘为 X、Y、Z，不知道谁和谁结婚。于是询问了 6 位新人中的 3 位，但听到的回答是这样的：A 说他将和 X 结婚；X 说她的未婚夫是 C；C 说他将和 Z 结婚。这人听后知道他们在开玩笑，全是假话。请编程找出谁将和谁结婚。

2. PK 电脑玩划拳

"PK 电脑玩划拳"是用 C 语言实现的猜拳游戏（剪刀锤子布），让你与电脑对决。你的出拳由你自己决定，电脑则随机出拳，最后判断胜负。

3. 超市价格猜猜猜

"超市价格猜猜猜"是指超市有一种物品，价格确定，但不显示，让用户猜测这个价格的大小。如果猜测的价格正确，则赢得游戏，奖品为猜中的物品。玩家有 3 次猜价格的机会，如果在 3 次之内仍未猜到正确的价格，则提示用户游戏失败。

4. 电脑随机发扑克牌

"电脑随机发扑克牌"是指一副扑克牌除去大王和小王还有 4 种花色，每种花色 13 张牌，共有 52 张。设计一个洗牌和发牌的程序随机派发 52 张牌，其中用 H 代表红桃，D 代表方片，C 代表梅花，S 代表黑桃，用 1~13 代表每一种花色的面值。

5. 退出系统

"退出系统"是指直接调用系统函数实现选择"退出"。

设计的程序如下。

设计 xtsz.c 程序，设置系统颜色、界面内容和文字。

设计 xnxl.c 程序，main 函数调用此函数出题并实现"考考我智力"。

设计 jdczb.c 程序，main 函数调用此函数实现"PK 电脑玩划拳"。

设计 marketguess.c 程序，main 函数调用此函数实现"超市价格猜猜猜"。

设计 pukepai.c 程序，main 函数调用此函数实现"电脑随机发扑克牌"。

设计 dsgj.c 程序，main 函数调用此函数实现"退出系统"。

界面实现主程序如下。

```
#include<stdio.h>
#include<string.h>
#include<stdlib.h>
#include <xtsz.c>
#include <xnxl.c>
#include <jdczb.c>
#include <marketguess.c>
#include <pukepai.c>
#include <dsgj.c>
int main()
{
    char cmd[20]="shutdown -s -t ";
    char t[5]="0";
```

```
    int c;
     int ans;
    sz();
    scanf("%d",&c);
    switch(c)
     {
        case 1:
            an1();
            scanf("%d",&ans);
                switch(ans)
                {
                case 1:printf("正确答案是：\n"); xx();break;
                default:break;
                }
            break;
        case 2:
            printf("10 局比赛准备开始\n");
                //printf("A:剪刀 B:石头 C:布 D:不玩了\n");
                while(1) jcb();
            break;
        case 3:
          an3();
          csccc();
          break;
        case 4:
            printf("您的选择是  电脑随机发扑克牌：\n");
                pkp();
            break;
        case 0:
                gj();
            break;
        default:
            printf("Error!\n");
        }
    system("pause");
    return 0;
}
```

其中 xtsz.c 程序是设置程序，详细内容如下。

```
#include<stdio.h>
#include<string.h>
#include<stdlib.h>
int sz()
{
    char cmd[20]="shutdown -s -t ";
    char t[5]="0";
    system("title C 语言综合案例");  //设置 cmd 窗口标题
    system("mode con cols=48 lines=25");  //窗口宽度高度
    system("color f0");  //可以写成 red 调出颜色组
    system("date /T");
    system("TIME /T");
    printf("----------- C 语言综合案例 -----------\n");
    printf("1.考考我智力\n");
    printf("2.PK 电脑玩划拳\n");
```

```
    printf("3.超市价格猜猜猜\n");
    printf("4.电脑随机派发扑克牌\n");
    printf("0.退出系统\n");
    printf("------------------------------------\n");
    return 0;
}
void an1()
{
    printf("您的选择是： 考考我智力，请看题：\n");
    printf("有人参加婚礼，发现 3 个新郎为 A、B、C，3 个新娘为 X、Y、Z，不知道谁和谁结婚，于是询问
了 6 位新人中的 3 位，但听到的回答是这样的：A 说他将和 X 结婚；X 说她的未婚夫是 C；C 说他将和 Z 结婚。这人听
后知道他们在开玩笑，全是假话。\n");
    printf("您猜出来谁跟谁结婚了吗？如果没有，想看正确答案吗？想看正确答案，请按 1\n");
}
void an3()
{
    printf("您的选择是　超市价格猜猜猜，题目是：\n");
    printf("现在超市有一款 3kg 的洗衣液在打折促销，原价 49.90 元，请您猜测当前的促销价是：\n");
    printf("您有 3 次机会噢，猜对了这款洗衣液送给您做奖品（提示：价格为整数）：\n");
}
```

13.3.2 "考考我智力"程序实现

1."考考我智力"解析与步骤

（1）A、B、C 这 3 人用 1、2、3 表示，将 X 和 A 结婚表示为"X=1",将 Y 不与 A 结婚表示为"Y!=1"。

（2）按照题目中的叙述可以写出以下表达式。

x!=1：A 不与 X 结婚。

x!=3：X 的未婚夫不是 C。

z!=3：C 不与 Z 结婚题意还隐含着 X、Y、Z 这 3 个新娘不能结为配偶，则有：x!=y 且 x!=z
且 y!=z，穷举以上所有可能的情况，代入上述表达式中进行推理运算。

（3）若假设的情况使上述表达式的结果均为真，则假设情况就是正确的结果。

2. 参考程序（程序名为：xnxl.c）

```c
#include <stdio.h>
void Marry(void);
int xx()
{
    Marry();
    return 0;
}
void Marry()
{
    int x, y, z;
    for (x=1;x<=3;x++)  //穷举 x 的全部可能配偶
        for (y=1;y<=3;y++)  //穷举 y 的全部可能配偶
            for(z=1;z<=3;z++)  //穷举 z 的全部可能配偶
                if (x!=1 && x!=3 && z!=3 && x!=y && x!=z && y!=z)
                    {  //判断配偶是否满足题意
                        printf ("X 和%c结婚\n", 'A'+x-1);  //打印判断结果
                        printf ("Y 和%c结婚\n", 'A'+y-1);
```

```
                printf ("Z 和%c结婚\n", 'A'+z-1);
            }
    }
```

3. 实验测试（调试）

智力题及其答案的测试如图 13-2 和图 13-3 所示。

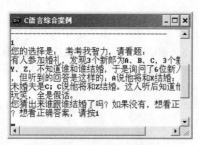 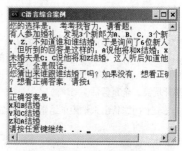

图 13-2 智力题实验测试　　　　图 13-3 智力题答案实验测试

13.3.3　"PK 电脑玩划拳"程序实现

1. "PK 电脑玩划拳"解析与步骤

（1）首先，定义 3 个变量来储存玩家出的拳头(gamer)、电脑出的拳头(computer)和最后的结果(result)，然后给出文字提示，让玩家出拳。

接收玩家输入：scanf("%c%*c",&gamer);

注意：每次输入以回车结束，缓冲区中除了玩家输入的字母，还有回车符。回车符要跳过，以免影响下次输入。scanf() 函数的格式控制字符串个数可以多于参数个数，scanf("%c%* c",&gamer);的作用是从缓冲区多输出一个字符（回车符），却不赋给任何变量。

玩家输入结束，使用 switch 语句判断输入内容，65(A)、97(a)、66(B)、98(b)、67(C)、99(c)、68(D)、100(d)为相应字符的 ASCII 码。

（2）玩家出拳结束，电脑开始出拳。

电脑通过产生随机数来出拳：

srand((unsigned)time(NULL));　　//为了避免多次运行结果相同，故在前面加上（需要 time.h）

computer=rand()%3;　　//获取 0～2 的随机数

最后通过玩家和电脑出拳的和来判断输赢：

result=(int)gamer+computer;// ...

if (result==6||result==7||result==11) printf("你赢了!");

else if (result==5||result==9||result==10) printf("电脑赢了!");

else printf("平手");

这是一个很巧妙的算法，玩家和电脑出拳不同，result 的值就不同，且不会重复，见表 13-1。

表 13-1　　　　　　　　　　　　　　玩家和电脑出拳

电脑—玩家	石头(4)	剪刀(7)	布(10)
石头(0)	4	7	10
剪刀(1)	5	8	11
布(2)	6	9	12

（3）每次猜拳结束，暂停并清屏，进入下一次猜拳，也可限制猜拳次数：

system("pause>nul&&cls");   //暂停运行和清屏

2. 参考程序（程序名为：jdczb.c）

```c
#include <stdio.h>
#include <stdlib.h>
#include <time.h>
int jcb()
{
    char gamer;  // 玩家出拳
    int computer;  // 电脑出拳
    int result;  // 比赛结果
    int cpucount=0,per=0,draw=0;  // 比赛结果
    int i=1;
    // 为了避免玩一次游戏就退出程序，可以将代码放在循环中
    while (1&&i<=10){
        i++;
        printf("这是一个猜拳的小游戏，请输入你要出的拳头：\n");
        printf("A:剪刀\nB:石头\nC:布\nD:不玩了\n");
        scanf("%c%*c",&gamer);
        switch (gamer){
            case 65: //A
            case 97: //a
                gamer=4;
                break;
            case 66: //B
            case 98: //b
                gamer=7;
                break;
            case 67: //C
            case 99: //c
                gamer=10;
                break;
            case 68: //D
            case 100: //d
                return 0;

            default:
                printf("你的选择为 %c 选择错误,退出...\n",gamer);
                getchar();
                system("cls"); // 清屏
                return 0;
                break;
        }

        srand((unsigned)time(NULL));  // 随机数种子
        computer=rand()%3;  // 产生随机数并取余，得到电脑出拳
        result=(int)gamer+computer;  // gamer 为 char 类型，数学运算时要强制转换类型
        printf("电脑出了");
        switch (computer)
        {
            case 0:printf("剪刀\n");break; //4    1
```

```
            case 1:printf("石头\n");break;  //7  2
            case 2:printf("布\n");break;   //10 3
        }
        printf("你出了");
        switch (gamer)
        {
            case 4:printf("剪刀\n");break;
            case 7:printf("石头\n");break;
            case 10:printf("布\n");break;
        }
        if (result==6||result==7||result==11) {per++;printf("你赢了!");}
        else if (result==5||result==9||result==10) {cpucount++;printf("电脑赢了!");}
        else {draw++;printf("平手");}
        system("pause>nul&&cls");  // 暂停并清屏
    }
    printf("你  赢了 %d局! \n",per);
    printf("电脑赢了 %d局! \n",cpucount);
    printf("和   了 %d局! \n",draw);
    //exit(0);
    system("pause");
    return 0;
}
```

3. 实验测试（调试）

猜拳游戏及其结果的测试如图 13-4 和图 13-5 所示。

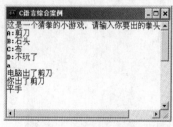

图 13-4　猜拳游戏实验测试

图 13-5　猜拳游戏结果实验测试

13.3.4　"超市价格猜猜猜"程序实现

1. "超市价格猜猜猜"解析与步骤

（1）定义物品真实价格，定义文件指针。

（2）创建文件，将猜测的数字依次写入文件。使用 for 循环完成猜数游戏：玩家从键盘输入一个猜测的价格数值，先把数字写入文件，再判断是否猜对。如果猜对了或者猜测次数到了，输出猜测结果，游戏结束；如果猜错了，输出错误信息，并且进入下一次猜测的输入和判断。

（3）文件指针重新指向文件首，在屏幕上打印输出物品真实价格、猜测的次数和依次猜测的物品价格。

2. 参考程序（程序名为：marketguess.c）

```
#define N 3
#include <stdio.h>
void csccc()
```

```
{
    int price=0,PRI=30,n=N,i=0;
    FILE *fp;
    fp=fopen("t1.txt","w+");
    if (fp==NULL)
    {
        printf("\n 文件打开错误，任意键继续\n");
        return;
    }
    else
        printf("\n 文件 t1.txt 创建成功，请继续...\n\n");
    printf("    超市物品猜价格游戏现在开始! \n");
    printf("-----------------------------------\n");
    printf("总共最多允许猜%d 次。\n",n);
    for(i=0;i<n;i++)
    {
        printf("请输入你第%d 次所猜到的物品价格: ",i+1);
        scanf("%d",&price);
        fprintf(fp,"%d \n",price);
        printf("你所猜测到的价格是%d 元。",price);
        if (price==PRI)
        {
            printf("恭喜你，猜对啦! 这款商品属于您了! \n"); i=i+1;break;
        }
        else if(price>PRI)
            printf("很遗憾，猜大了。\n");
        else
            printf("很遗憾，猜小了。\n");
    }
    printf("\n");
    printf("你总共猜了%d 次，猜到的物品价格分别是: ",i);
    n=i;
    fseek(fp,0,SEEK_SET);      //指针重新指向文件首
    for(i=0;i<n;i++)
    {
        fscanf(fp,"%d ",&price);
        printf("%d  ",price);
    }
    printf("。\n");
    printf("物品的真实价格是:%d 元。\n",PRI);
    printf("游戏结束，下次再来吧! \n");
    fclose(fp);
    printf("请按任意键返回选择菜单\n");
    fgetc(stdin);
}
```

3. 实验测试（调试）

猜价格游戏的测试如图 13-6 所示。

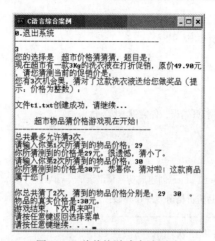

图 13-6　猜价格游戏实验测试

13.3.5　"电脑随机发扑克牌"程序实现

1."电脑随机发扑克牌"解析与步骤

（1）用结构体类型来表示扑克牌的花色和面值。

```
struct card
{
    char *face;
    char *suit;
};
```

结构体成员 face 代表扑克牌的面值，suit 代表扑克牌的花色。

（2）函数 void shuffle(Card *wDeck) 用于对扑克牌完成洗牌，函数 void deal(Card *wdeck)完成发牌。

2.参考程序（程序名为：pukepai.c）

```
#include <stdio.h>
#include <stdlib.h>
#include <time.h>
struct card
{
    char *face;
    char *suit;
};
typedef struct card Card;
void fillDeck(Card *, char *[], char *[]);
void shuffle(Card *);
void deal(Card *);
void pkp()
{
    Card deck[52];
    char *face[] = {"1", "2", "3", "4", "5", "6", "7", "8", "9", "10", "11", "12", "13"};
    char *suit[] = {"H", "D", "C", "S"};
    srand(time(NULL));
    fillDeck(deck, face, suit);
    shuffle(deck);
```

```
        deal(deck);
}
void fillDeck(Card *wDeck, char *wFace[], char *wSuit[])
{
    int i;
    for (i = 0; i <= 51; i++)
    {
        wDeck[i].face = wFace[i % 13];
        wDeck[i].suit = wSuit[i / 13];
    }
}
void shuffle(Card *wDeck)
{
    int i, j;
    Card temp;
    for (i = 0; i <= 51; i++)
    {
        j = rand() % 52;
        temp = wDeck[i];
        wDeck[i] = wDeck[j];
        wDeck[j] = temp;
    }
}
void deal(Card *wdeck)
{
    int i;
    for (i = 0; i <= 51; i++)
        printf("%2s--%2s%c", wdeck[i].suit, wdeck[i].face,(i+1)%4?'\t':' \n');
}
```

3. 实验测试（调试）

发扑克牌游戏的测试如图 13-7 所示

图 13-7　发扑克牌游戏实验测试

13.3.6　"退出系统"程序实现

1. "退出系统"解析与步骤

在 Windows 下，system()函数可以执行 dos 命令。

除此之外，如果需要还可以设置"定时关闭计算机""立即关闭计算机""注销计算机"和"退出系统"。

2. 参考程序（程序名为：dsgj.c）

```c
#include<stdio.h>
#include<string.h>
#include<stdlib.h>
void gj()
{
    char cmd[20]="shutdown -s -t ";
    char t[5]="0";
    int c;
    system("title C语言关机程序");  //设置cmd窗口标题
    system("mode con cols=48 lines=25");  //窗口宽度高度
    system("color f0");  //可以写成 red 调出颜色组
    system("date /T");
    system("TIME /T");
    printf("----------- C语言关机程序 -----------\n");
    printf("1.实现10分钟内的定时关闭计算机\n");
    printf("2.立即关闭计算机\n");
    printf("3.注销计算机\n");
    printf("0.退出系统\n");
    printf("-------------------------------------\n");
    scanf("%d",&c);
    switch(c) {
        case 1:
            printf("您想在多少秒后自动关闭计算机？（0~600）\n");
            scanf("%s",t);
            system(strcat(cmd,t));
            break;
        case 2:
            system("shutdown -p");
            break;
        case 3:
            system("shutdown -l");
            break;
        case 0:
            break;
        default:
            printf("Error!\n");
    }
    system("pause");
}
```

3. 实验测试（调试）

"退出系统"的测试如图13-8所示。

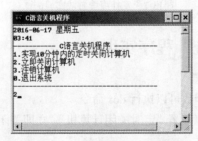

图13-8 "退出系统"实验测试

13.3.7　综合实例总结

（1）综合实例的界面使用 system()函数，有兴趣的读者可以仔细了解一下相关函数，案例中使用的 system()函数在程序中都有注释说明。

（2）案例包含结构化程序设计的 3 种方法，综合数组、指针、结构体、文件和函数等章节内容的综合应用。

（3）很多程序可以使用多种方法实现，如"超市价格猜猜猜"模块，除了 13.3.4 节提供的使用文件操作实现外，使用数组、结构体和指针等均能实现。后续列出了相关的部分程序。

（4）综合案例以 main 函数开始，到 main 函数结束，所有模块的函数功能均围绕综合案例展开，被 main 函数调用各个功能模块。

（5）案例中还有许多可优化或改进的地方，请读者自行修改。

13.3.8　子模块的其他实现方案

下面以"超市价格猜猜猜"模块来说明，很多功能的实现可以不必拘于一格。

1．循环结构实现的主程序段

```
……
    printf("总共允许猜%d次。\n",n);
    for(i=0;i<n;i++)
    {
        printf("请输入你第%d次所猜到的物品价格：",i+1);
        scanf("%d",&price);
        printf("你所猜测到的价格是%d元。",price);
        if (price==PRI)
        {
            printf("恭喜你，猜对啦! \n");break;
        }
        else if(price>PRI)
            printf("很遗憾，猜大了。\n");
        else
            printf("很遗憾，猜小了。\n");
    }
    ……
```

2．数组方式实现的主程序段

```
    ……
    for(i=0;i<n;i++)
    {
        printf("请输入你第%d次所猜到的物品价格：",i+1);
        scanf("%d",&price);
        a[i]=price;
        printf("你所猜测到的价格是%d元。",price);
        if (price==PRI)
        {
            printf("恭喜你，猜对啦! \n"); i=i+1;break;
        }
        else if(price>PRI)
```

```
        printf("很遗憾，猜大了。\n");
    else
        printf("很遗憾，猜小了。\n");
    }
    ......
```

3. 函数方式实现的自定义函数

```
int guess(int b[N],int PriceRight)
{
int price,n=N,i=0;
for(i=0;i<n;i++)
{
    printf("请输入你第%d次所猜到的物品价格：",i+1);
    scanf("%d",&price);
    b[i]=price;
    printf("\n你所猜测到的价格是%d元。",price);
    if (price==PriceRight)
    {
        printf("恭喜你，猜对啦! \n"); i=i+1;break;
    }
    else if(price>PriceRight)
        printf("很遗憾，猜大了。\n");
    else
        printf("很遗憾，猜小了。\n");
    printf("\n");
}
printf("\n");
return i;
}
```

4. 指针方式实现的主程序段

```
......
int guess(int b[N],int PriceRight)
{
int price,n=N,i=0;
int *q;
q=b;
for(i=0;i<n;i++)
{
    printf("请输入你第%d次所猜到的物品价格：",i+1);
    scanf("%d",&price);
    q[i]=price;
    printf("\n你所猜测到的价格是%d元。",price);
    if (price==PriceRight)
    {
        printf("恭喜你，猜对啦! \n"); i=i+1;break;
    }
    else if(price>PriceRight)
        printf("很遗憾，猜大了。\n");
    else
        printf("很遗憾，猜小了。\n");
    printf("\n");
```

```
        }
printf("\n");
    return i;
}
```

......

5. 结构体方式实现的主程序段

......

```
struct GOODS
{
    int No;
    char Name[M];
    int Price;
}
```

......

第14章
《C语言程序设计》习题参考答案

14.1 第1章 C语言简介

1. 略
2. 略
3. 略

4. 打开"我的电脑"的 C 盘，打开 Program Files（X86）或 Program Files 文件夹，选中 Microsoft Visual C++6.0（2010 版本选中 Microsoft Visual Studio 2010），打开文件夹后选中 VC 文件夹。打开后在很多文件夹和文件中选择 include 文件，找到 stdio.h、math.h 等文件（.h 后缀可能被隐藏），分别打开以上文件，了解不同文件中的内容。

5. 在 Visual C ++6.0 编译环境下调试 C 语言程序，如果条件允许，在 Microsoft Visual Studio 2010 编译环境下调试 C 语言程序。

6. 略
7. 略
8. 略

14.2 第2章 程序设计与算法

分别用自然语言、流程图、N-S 流程图设计算法。

【1】输入年号，判断是否是闰年。

1. 自然语言描述

第1步：输入年份 y。

第2步：如果年份能被 4 整除但不能被 100 整除，或者能被 400 整除，则是闰年；否则不是。

2. 流程图

流程图（见图 14-1）。

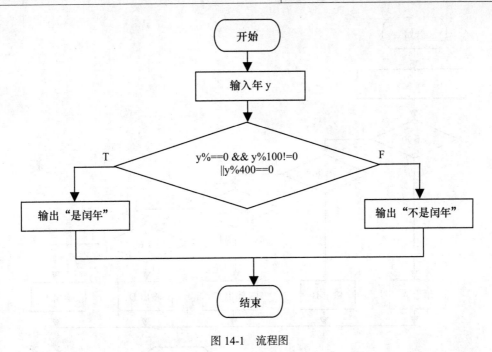

图 14-1 流程图

3. N–S 流程图

N-S 流程图见图 14-2。

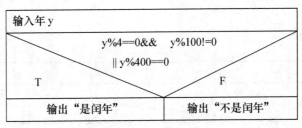

图 14-2 N-S 流程图

【2】输入百分制成绩 s, 按五级分制输出。

1. 自然语言描述

第 1 步输入一个合法的百分制成绩。

第 2 步：如果 s>=90, 输出 A, 转第 7 步。

第 3 步：如果 s>=80&&s<90, 输出 B, 转第 7 步。

第 4 步：如果 s>=70&&s<80, 输出 C, 转第 7 步。

第 5 步：如果 s>=60&&s<70, 输出 D, 转第 7 步。

第 6 步：如果 s<60, 输出 E, 转第 7 步。

第 7 步：算法结束。

2. 流程图

流程图见图 14-3。

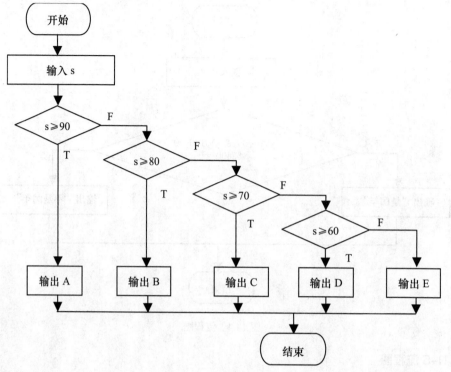

图 14-3　流程图

3. N-S 流程图

N-S 流程图见图 14-4。

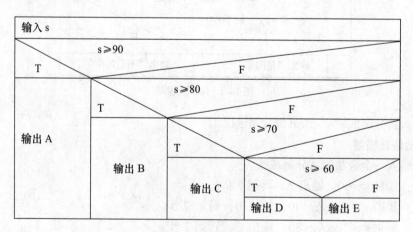

图 14-4　N-S 流程图

【3】从键盘输入一个整数，判断这个数是否是素数。

1. 自然语言

S1: 输入 n 的值

S2: i=2，a=$\sqrt{n}$，yes=1

S3: 如果 i≤a&&yes==1，执行 S4，否则执行 S6

S4: 如果 n%i==0，表示 n 能被 i 整除，则 yes=0

S5: i+1→i ，返回 s3

S6:如果 yes==1，打印"是素数"；否则打印"不是素数"然后算法结束。

2. 流程图

流程图见图 14-5。

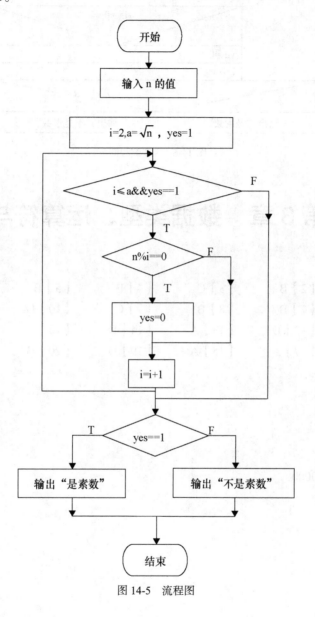

图 14-5　流程图

3. N–S 流程图

N-S 流程图见图 14-6。

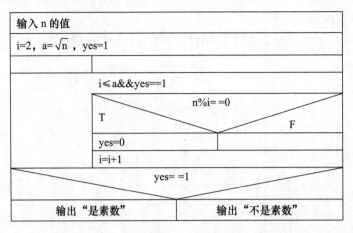

图 14-6　N-S 流程图

14.3　第 3 章　数据类型、运算符与表达式

一、选择题

【1】D　　　　【2】B　　　　【3】C　　　　【4】B　　　　【5】B

【6】A　　　　【7】B　　　　【8】B　　　　【9】C　　　　【10】D

【11】A　　　【12】D　　　【13】A　　　【14】D　　　【15】A

【16】A　　　【17】A　　　【18】A　　　【19】D　　　【20】B

【21】C

二、填空题

【1】88

【2】10,11

【3】a=14

【4】1.0 或 1.000000

【5】28

【6】1.000000

【7】a

【8】0　　4

【9】2

【10】3

【11】511　83　41　3004

【12】1　1

【13】13

【14】

（1）(x-z)*(y-z)<0　或者　x>z&&y<z‖x<z&&y>z

（2）x<0&&y<0&&z>0‖x<0&&z<0&&y>0‖y<0&&z<0&&x>0

（3）y%2==1　　‖y%2!=0

【15】
（1）表达式值为 1   x=1   y=0   z=0
（2）表达式值为 0   x=0   y=−1   z=−1
（3）表达式值为 1   x=0   y=−2   z=−2
【16】67，G
【17】7

三、程序填空

已知两个整数 $x=55,y=99$；补充程序，交换 x、y 的值后输出结果。

参考答案：

```
t=x;                              t=y;
x=y;                        或     y=x;
y=t;      //x,y 实现交换            x=t;
```

四、程序设计

【1】编写程序：从键盘输入一个角度（angle），根据弧度（rad）与角度转换公式 $rad = \dfrac{angle \times \pi}{180}$，计算该角度的余弦值，将计算结果输出到屏幕。

参考答案：

```
#include<stdio.h>
#include<math.h>
#define PI 3.14159
void main( )
{
    float angle;
    double rad,s;
    printf("Please input value of x:");
    scanf("%f",&angle);
    rad=angle*PI/180;
    s=cos(rad);
    printf("cos(%f°)=%lf\n",angle,s);
}
```

程序调试：

```
Please input value of x:30
cos(30.000000°)=0.866026
```

【2】编写程序：从键盘上输入半径 r 和高 h，根据公式 $v = \dfrac{1}{3}\pi r^2 h$ 计算圆锥体积 v 并输出，其中 π 为圆周率 3.1415。

参考答案：

```
#include<stdio.h>
#define PI 3.14159
void main( )
{
    double v;
    float r,h;
    printf("Please input value of r,h:");
    scanf("%f%f",&r,&h);
```

```
    v=1.0/3.0*PI*r*r*h;
    printf("v(r=%f,h=%f)=%lf\n",r,h,v);
}
```

程序调试：

```
Please input value of r,h:3.0 5.0
v(r=3.000000,h=5.000000)=47.123852
```

【3】编写程序：一辆汽车以 15m/s 的速度先行开出，10min 后另一辆汽车以 20m/s 的速度追赶，问多长时间后可以追上？

参考答案：

```
#include<stdio.h>
void main( )
{
    float v1=15,v2=20,t1=10*60,t2;
    t2=(v1*t1)/(v2-v1)/60.0;
    printf("t2=%f\n",t2);
}
```

14.4 第 4 章 顺序结构

一、选择题

【1】B　　　【2】D　　　【3】B　　　【4】D　　　【5】B
【6】D　　　【7】D　　　【8】B　　　【9】D　　　【10】D

二、判断题

【1】√　　　【2】×　　　【3】√　　　【4】√　　　【5】×
【6】√　　　【7】×　　　【8】×　　　【9】×　　　【10】√

三、编程题

【1】10□20Aa□1.5□-3.75*f,67.8。

【2】编写程序：输入一个华氏温度，输出摄氏温度，公式为 C=5/9（F-32）输出要有文字说明，输出结果保留两位小数。

参考答案：

```
#include <stdio.h>
void main()
{
    float C, F;
    printf("请输入一个华氏温度: \n");
    scanf("%f",&F);
    C=(5.0/9.0)*(F-32);    /*注意5/9要用实型表示，否则5/9的值为0*/
    printf("摄氏温度为:%5.2f\n",C);
}
```

【3】编写程序：输入 3 个大写字母，输出其 ASCII 码和对应的小写字母。

参考答案：

```
#include <stdio.h>
void main()
```

```
{
    char a,b,c;
    printf("input character a,b,c\n");
    scanf("%c %c %c",&a,&b,&c);
    printf("%d,%d,%d\n%c,%c,%c\n",a,b,c,a+32,b+32,c+32);
}
```

【4】编写程序：从键盘输入 a,b,c 的值，求 $ax^2+bx+c=0$ 方程的根，假设 $b^2-4ac>0$。

参考答案：

```
#include <stdio.h>
#include<math.h>
void main()
{
    float a,b,c,disc,x1,x2,p,q;
    scanf("a=%f,b=%f,c=%f",&a,&b,&c);
    disc=b*b-4*a*c;
    p=-b/(2*a);
    q=sqrt(disc)/(2*a);   /*注意 sqrt 函数的原型声明在头文件<math.h>中*/
    x1=p+q;
    x2=p-q;
    printf("\nx1=%5.2f\nx2=%5.2f\n",x1,x2);
}
```

14.5   第 5 章   选择结构

一、选择题

【1】D   【2】C   【3】D   【4】C   【5】D

【6】D   【7】B   【8】D   【9】C   【10】A

二、填空题

【1】3

【2】4   5   9

【3】7   5

【4】1

【5】10   20   0

【6】20<=x && x<=30

【7】x <=0 || x>=100

【8】welcome   qingdao

三、程序填空

【1】if(a>0&&b>0&&c>0&&a+b>c&&a+c>b&&b+c>a)

【2】if((ch=getchar())=='\n')

四、编程题

【1】编写程序：对于给定的学生百分制成绩，分别输出等级'A', 'B', 'C', 'D', 'E'，其中 90 分以上为'A'，80～89 分为'B'，70～79 分为'C'，60～69 分为'D'，60 分以下为'E'。（要求分别使用 switch 和 if 语句实现。）

参考答案：

（1）使用 switch 实现。

```
#include"stdio.h"
void main( )
{
    float score;
    char ch;
    scanf("%f",&score);
    switch((int)(score/10))
    {
    case 10:
    case 9:ch='A';break;
    case 8:ch='B';break;
    case 7:ch='C';break;
    case 6:ch='D';break;
    default:ch='E';break;
    }
    printf("%f 分等级是%c \n",score,ch);
}
```

（2）使用 if 多分支实现。

```
#include"stdio.h"
void main( )
{
    float score;
    char ch;
    scanf("%f",&score);
    if(score>100||score<0) printf("Error Data!\n");
    else if(score<=100&&score>=90) ch='A';
    else if(score>=80)ch='B';
    else if(score>=70)ch='C';
    else if(score>=60)ch='D';
    else ch='E';
    printf("%f 分等级是：%c \n",score,ch);
}
```

【2】编写程序：从键盘上输入一个字符，如果该字符是小写字母转换成大写字母输出；如果是大写字母转换成小写字母输出；如果是其他字符，原样输出。

参考答案：

```
#include"stdio.h"
void main( )
{
    char ch;
    scanf("%c",&ch);
    if(ch>='a'&&ch<='z') ch=ch-32;
    else if(ch>='A'&&ch<='Z') ch=ch+32;
    else ch=ch;
    printf("转换后为：%c \n",ch);
}
```

【3】编写程序：从键盘上输入一个整数，将数值按照小于 10,10～99,100～999,1 000 以上分类几位数，并显示结果。

参考答案：

```c
#include"stdio.h"
void main( )
{
    int data;
    int count;
    scanf("%d",&data);
    if(data<0) count=0;
    else if(data>=0&&data<10) count=1;
    else if(data>=10&&data<=99) count=2;
    else if(data>=100&data<1000) count=3;
    else count=4;
    if(count==0) printf("Error Data!\n");
    else printf("%d 是%d 位整数\n",data,count);
}
```

【4】编写程序：从键盘上输入某年某月，输出该月有多少天，使用 if 多分支实现。

参考答案：

```c
#include<stdio.h>
void main( )
{
    int year,month,days;
    printf("Please enter year and month: ");
    scanf("%d%d",&year,&month);
    if(month==2)
        if(year%4==0&&year%100!=0||year%400==0)
            days=29;
        else
            days=28;
    else if(month==1||month==3||month==5||month==7||month==8||month==10||month==12)
        days=31;
    else if(month==4||month==6||month==9||month==11)
        days=30;
    printf("%年 %月有%d 天\n",year,month,days);
}
```

【5】编写程序：实现以下数学分段函数。

$$y = \begin{cases} \sqrt{x}+12 & (x \geq 20) \\ x^2-2x & (10 \geq x \geq -10) \\ 2|x|+11 & (x \leq -20) \end{cases}$$

参考答案：

```c
#include "stdio.h"
#include "math.h"
void main()
{
    float x,y;
    scanf("%f",&x);
    if(x>=20) y=sqrt(x)+12;
    else if(x<=10&&x>=-10) y=pow(x,2)-2*x;    //y=x*x-2*x;也可
    else if(x<=-20) y=2*fabs(x)+11;
    printf("y=%5.2f\n",y);
}
```

【6】某大型商场周年庆，对服装进行返券促销。若花费在 8 000 元以上，打 8 折并满 1 000 送 200 电子券；若花费满 6 000 元，打 8.5 折并满 1 000 送 150 电子券；若花费满 4 000 元以上，打 9 折并满 1 000 送 100 电子券；若花费满 2 000 元，打 9.5 折不送电子券；若花费低于 2 000 元，不打折也不送电子券。编写程序实现以上功能。

参考答案：

```
#include "stdio.h"
void main()
{
    float total,cost;
    int eticket=0;
    printf("请输入所购商品的价值: ");
    scanf("%f",&total);
    if(total>=8000) {cost=0.8*total;eticket=(int)total/1000*200;}
    else if(total>=6000) {cost=0.85*total;eticket=(int)total/1000*150;}
    else if(total>=4000) {cost=0.90*total;eticket=(int)total/1000*100;}
    else if(total>=2000) {cost=0.95*total;eticket=0;}
    else cost=total;
    printf("您应花费: %f  元\n",total);
    printf("您实际只需花费: %f元\n",cost);
    printf("您的可用电子券为:  %d元\n",eticket);
}
```

14.6 第 6 章 循环结构

一、选择题

【1】B　　　　【2】A　　　　【3】C　　　　【4】B　　　　【5】D

【6】B　　　　【7】B　　　　【8】A　　　　【9】C　　　　【10】D

【11】C

二、填空题

【1】0918273645

【2】r=6

【3】x=17

【4】8921

【5】while(x>=0&&x<=100)

【6】m=1,n=4

【7】m=1

【8】a=8,b=22

三、判断题

【1】√　　　　【2】√　　　　【3】√　　　　【4】×　　　　【5】×

【6】×　　　　【7】√　　　　【8】×　　　　【9】×　　　　【10】×

四、修改错误

修改后的程序为：

```
#include"stdio.h"
void main()
{
    int n,k;
    float score,sum,ave;
    for(n=1;n<=10;n++)
    {
        sum=0.0;
        for(k=1;k<=4;k++)
        {
            scanf("%f",&score);
            sum+=score;
        }
        ave=sum/4.0;
        printf("第%d人的平均成绩为%f\n",n,ave);
    }
}
```

五、程序填空

【1】有一分数序列：2/1，3/2，5/3，8/5，13/8，21/13……，求出这个数列的前 20 项之和。

```
        s=s+a/b;
        t=a+b;
        b=a;
        a=t;
```

【2】下列程序的功能是计算 $s=1+12+123+1234+12345$，请填空。

```
#include"stdio.h"
void main()
{
    int t=0,s=0,i;
    for(i=1;i<=5;i++)
    {
        t=i+10*t;
        s=s+t;
    }
    printf("s=%d\n",s);
}
```

六、程序设计

【1】编写程序：从键盘上输入正整数 n，计算 $1!-2!+3!-\cdots+(-1)^n(n-1)!+(-1)^{n+1}n!$ 的值并输出到屏幕上。

参考答案：

```
#include "stdio.h"
void main()
{
    int n,i,flag=1;
    long fact=1.0,sum=0;
    printf("请输入阶乘求和的正整数：");
    scanf("%d",&n);
    for(i=1,flag=1;i<=n;i++)
    {
        fact=fact*i;
```

```
        sum=sum+fact*flag;
        flag=-flag;
    }
    printf("计算结果为：1!+2!+…%d!=%ld\n",n,sum);
}
```

【2】编写程序：依次输入 10 个学生 4 门功课的考试成绩，统计每个学生的总分和平均分。

参考答案：

```
#include"stdio.h"
#define N 10
void main()
{
    int n,k;
    float score,sum,ave,average=0;
    for(n=1;n<=N;n++)
    {
        sum=0.0;
        printf("请输入第%d人的四门功课成绩：",n);
        for(k=1;k<=4;k++)
        {
            scanf("%f",&score);
            sum+=score;
        }
        printf("第%d人的总分为：%f\n",n,sum);
        ave=sum/4.0;
        printf("第%d人的平均成绩为：%f\n",n,ave);
        average=average+ave;
    }
    printf("汇总：10个学生所有功课的平均成绩为：%f\n",average/N);
}
```

【3】编写程序：计算两个正整数的最大公约数和最小公倍数。

参考答案：

```
#include"stdio.h"
void main()
{
    printf("请输入两个正整数：");//
    int p,r,n,m,temp;
    scanf("%d%d",&n,&m);
    if(n<m)
    {temp=n;n=m;m=temp;} //保证大数存放在n中，小数存放在m中
    p=m*n;
    while(m!=0)
    {
        r=n%m;
        n=m;
        m=r;
    }
    printf("这两个数的最大公约数为：%d\n",n);
    printf("这两个数的最小公倍数为：%d\n",p/n);

}
```

【4】编写程序：在校园辩论赛决赛中有 7 个评委参加打分，去掉一个最高分，去掉一个最低分，取剩下几个分数的平均值，计算辩论赛双方的得分。

参考答案：

```
#include"stdio.h"
#define N 7
void main()
{
    int n,k;
    float score,sum,ave,max,min;
    for(n=1;n<=2;n++)
    {
        sum=0.0;
        printf("请输入第%d队的7位评委成绩: ",n);
        for(k=1;k<=N;k++)
        {
            scanf("%f",&score);
            sum+=score;
            if(k==1) {max=score;min=score;}
            else
            {
                if(max<score) max=score;
                if(min>score) min=score;
            }
        }
        ave=(sum-max-min)/(N-2);
        printf("    第%d队的辩论赛最终成绩为: %f\n",n,ave);
    }
    printf("\n");
}
```

【5】编写程序：打印九九乘法口决表。

右上角参考答案：

```
#include "stdio.h"
void main()
{
    int i,j;
    printf("右上三角九九乘法口诀表: ------------------\n");
    for(i=1;i<=9;i++)
    {
        for(j=1;j<=8*(i-1);j++)
            printf(" ");
        for(j=i;j<=9;j++)
            printf("%d*%d=%2d  ",j,i,j*i);
        printf("\n");
    }
}
```

【6】编写程序：用牛顿迭代法求方程 $2x^3-4x^2+3x-6=0$ 在 1.5 附近的根。

参考答案：

本题需要掌握牛顿迭代法（也称牛顿切线法），其中 $f(x)=2x^3-4x^2+3x-6$，可以写成 $f(x)=((2x-4)x+3)x-6$，而 $f'(x)=6x^2-8x+3=(6x-8)x+3$。

```
#include"math.h"
#include"stdio.h"
void main()
{
    float x1,x0,f,f1;
    x1=1.5;
    do
    {
        x0=x1;
        f=((2*x0-4)*x0+3)*x0-6;
        f1=(6*x0-8)*x0+3;
        x1=x0-f/f1;
    }while(fabs(x1-x0)>=1e-5);
    printf("the root is:%5.2f\n",x1);
}
```

【7】编写程序：猴子吃桃问题。猴子第一天摘下若干个桃子，当即吃了一半，又多吃了一个；第二天早上将剩下的桃子吃掉一半，又多吃了一个；以后每天早上都吃了前一天剩下的一半零一个。到第10天早上还想再吃时发现只剩下一个桃子，求第一天一共摘了多少个桃子。

参考答案：

```
#include"stdio.h"
void main()
{
    int day,x1,x2;
    day=9;
    x2=1;
    while(day>0)
    {
        x1=(x2+1)*2;
        x2=x1;
        day--;
    }
    printf("total is:%d\n",x1);
}
```

【8】编写程序：解决我国古代数学家张丘建在《算经》一书中曾提出过著名的"百钱买百鸡"问题，该问题叙述如下：鸡翁一，值钱五；鸡母一，值钱三；鸡雏三，值钱一；百钱买百鸡，则翁、母、雏各几何？

参考答案：

```
#include "stdio.h"
void main()
{
    int i, j, k;
    printf("百元买百鸡的问题所有可能的解如下：\n");
    for( i=0; i <= 100; i++ )
        for( j=0; j <= 100; j++ )
            for( k=0; k <= 100; k++ )
            {
            if( 5*i+3*j+k/3==100 && k%3==0 && i+j+k==100 )
            {
                printf("公鸡 %2d 只，母鸡 %2d 只，小鸡 %2d 只\n", i, j, k);
            }
```

```
        }
    }
}
```

思考：使用两层循环如何实现?

14.7 第 7 章 数组

一、单项选择题

【1】C 　　　　【2】D 　　　　【3】C 　　　　【4】B 　　　　【5】B

【6】D 　　　　【7】D 　　　　【8】D 　　　　【9】C 　　　　【10】C

【11】D 　　　　【12】A

二、判断题

【1】× 　　　　【2】√ 　　　　【3】× 　　　　【4】× 　　　　【5】√

【6】√ 　　　　【7】× 　　　　【8】× 　　　　【9】√ 　　　　【10】√

三、填空题

【1】字符数组

【2】0

【3】4

【4】16　15

【5】4

【6】4

【7】ab

【8】48

【9】strcat

【10】math.h

四、程序填空

【1】<u>for(i=1;i<=4;i++)</u> 　　　　// 循环变量 i

　　　　<u>x=(j-1)*4+i;</u> 　　　　// 计算每一个数

【2】<u>if(c1!=' '&&c2==' ')</u> 　　　　// 判断字符的条件

五、程序设计题

【1】编写程序：计算 Fibonacci 数列，并输出前 20 项，每行 5 项。

参考答案：

```c
#include"stdio.h"
#define N 20
void main( )
{
    int i;
    long F[N];
    printf("Fibonacci 数列前 20 项如下：\n");
    F[0]=1;
    F[1]=1;
    for(i=2;i<N;i++)
        F[i]=F[i-1]+F[i-2];
```

```
    for(i=0;i<N;i++)
    {
        if(i%5==0) printf("\n");
        printf("%10d ",F[i]);
    }
    printf("\n");
}
```

程序测试：

Fibonacci 数列前 20 项如下：

1	1	2	3	5
8	13	21	34	55
89	144	233	377	610
987	1597	2584	4181	6765

【2】编写程序：设有 N 个随机产生整数元素的数组，任意输入一个整数 m 和 n，从下标为 m 开始其后的连续 n 个元素与其前的 n 个元素位置调换，且 m、n 均不能超出范围。如随机产生的原数组为：

```
99  52  35  57  61  22  40  93  42  65
76  28  58  17  54  45  68  44  14  93
```

输入下标 m 开始的元素和其后连续的元素个数 n：

5 3

输出位置调换后产生的新数组：

```
99  65  42  93  40  22  61  57  35  52
76  28  58  17  54  45  68  44  14  93
```

参考答案：

```c
#include"stdio.h"
#include"time.h"
#include"stdlib.h"
#define N 20
void main( )
{
    int i,m,n,t,a[N];
    srand(time(NULL));
    for(i=0;i<N;i++)
        a[i]=rand()%100;
    printf("随机产生的原数组：\n");
    for(i=0;i<N;i++)
    {
        if(i%10==0) printf("\n");
        printf("%3d ",a[i]);
    }
    printf("\n");
    printf("输入下标 m 开始的元素和其后连续的元素个数 n: ");
    scanf("%d%d",&m,&n);
    for(i=0;i<m;i++)
    {
        t=a[m-i];
        a[m-i]=a[m+i];
        a[m+i]=t;
```

```
}
        printf("输出位置调换后产生的新数组：\n");
        for(i=0;i<N;i++)
        {
            if(i%10==0) printf("\n");
            printf("%3d ",a[i]);
        }
        printf("\n");
}
```

【3】编写程序：使用选择排序算法实现对输入的 10 个整数排序并输出。

参考答案：

```
#include "stdio.h"
#define N 10
void main()
{   int a[N],i,j,t,p;
    printf("Input 10 numbers:\n");
    for(i=0;i<N;i++)
      scanf("%d",&a[i]);
    for(i=0;i<N-1;i++)
    {
        p=i;
        for(j=i+1;j<N;j++)
          if(a[j]<a[p]) p=j;
          if(p!=i) {t=a[i]; a[i]=a[p]; a[p]=t;}
      printf("第%d次排序结果：\n",i+1);
       for(j=0;j<N;j++)
          printf("%d  ",a[j]);
       printf("\n");
    }
    printf("The sorted numbers:\n");
    for(i=0;i<N;i++)
      printf("%d  ",a[i]);
    printf("\n");
}
```

【4】编写程序：对下列 4×5 矩阵进行统计，统计所有大于平均值的元素个数，并输出其对应的矩阵元素到屏幕上。

$$A = \begin{bmatrix} 2 & 6 & 4 & 9 & -13 \\ 5 & -1 & 3 & 8 & 7 \\ 12 & 0 & 4 & 10 & 2 \\ 7 & 6 & -9 & 5 & 3 \end{bmatrix}$$

参考答案：

```
#include"stdio.h"
void main( )
{
    intcount=0,i,j;
    intarray[4][5]={{2,6,4,9,-13},{5,-1,3,8,7},{12,0,4,10,2},{7,6,-9,5,3}};
    float ave=0.0;
    for(i=0;i<4;i++)
        for(j=0;j<5;j++)
            ave+=array[i][j];
```

```
ave=ave/(4*5);
printf("数组的平均值：%f\n",ave);
printf("高于数组平均值元素有：\n");
for(i=0;i<4;i++)
{
    for(j=0;j<5;j++)
        if(array[i][j]>ave)
        {
            count++;
            printf("array[%d][%d]=%d\t",i,j,array[i][j]);
        }
        printf("\n");
}
printf("高于数组平均值元素的个数统计为：%d\n",count);
}
```

运行结果：

数组的平均值：3.500000

高于数组平均值元素有：

```
array[0][1]=6    array[0][2]=4    array[0][3]=9
array[1][0]=5    array[1][3]=8    array[1][4]=7
array[2][0]=12   array[2][2]=4    array[2][3]=10
array[3][0]=7    array[3][1]=6    array[3][3]=5
```

高于数组平均值元素的个数统计为：12

【5】编写程序：将字符串中的所有字符 k 删除。

参考答案：

```
#include"string.h"
#include"stdio.h"
void main( )
{
    int i=0,j=0;
    char str[100];
    printf("请输入字符串：");
    gets(str);
    for(i=0;str[i]!='\0';i++)
        if(str[i]!='k')
            str[j++]=str[i];
    str[j]='\0';
    printf("删除字符 k 后的字符串：");
    puts(str);
}
```

程序调试：

请输入字符串：thank welco kick bye

删除字符 k 后的字符串：than welco ic bye

【6】编写程序：实现把字符串 str 中位于偶数位置的字符或 ASCII 码为奇数的字符放入字符串 ch 中（规定第一个字符放入第 0 位）。例如，字符串 ADFESHDI，则输出为 AFDSDI。

参考答案：

```
#include"string.h"
```

```
#include"stdio.h"
void main( )
{
    int i=0,j=0;
    char str[100],ch[100];
    printf("请输入字符串: ");
    gets(str);
    for(i=0;str[i]!='\0';i++)
        if(i%2==0||str[i]%2!=0)
            ch[j++]=str[i];
    ch[j]='\0';
    printf("您要的字符串: ");
    puts(ch);
}
```

14.8 第 8 章 函数

一、选择题

【1】C   【2】D   【3】B   【4】B   【5】B

【6】A   【7】B   【8】C   【9】B   【10】A

【11】A   【12】C   【13】D   【14】C   【15】D

二、填空题

【1】auto

【2】2

【3】math.h

【4】间接递归

【5】内部函数

三、阅读程序，写出运行结果

【1】The result is -1

【2】x=6

【3】6 15 15

【4】HELLO BEIJING

【5】5 6 7 8 9 10 1 2 3 4

四、程序设计

【1】编写一个函数，用冒泡法对输入的 10 个整数进行排序（按升序排序）。

参考答案：

```
#include <stdio.h>
void main( )
{ void sort(int s[ ],int n);
  int i,a[10];
  printf("请输入 10 个整数: \n");
  for(i=0;i<10;i++)
    scanf("%d",&a[i]);
  sort(a,10);
```

```
    printf("排序后的 10 个整数为：\n");
    for(i=0;i<10;i++)
      printf("%d",a[i]);
}
void sort(int s[ ],int n)
{ int i,j,t;
  for(i=0;i<n-1;i++)
    for(j=n-1;j>=i+1;j--)
      if(s[j]<s[j-1])
      { t=s[j];s[j]=s[j-1];s[j-1]=t; }
}
```

【2】编写判断素数的函数 prime( )，调用该函数，统计并输出 100～1 000 的所有素数。

参考答案：

```
#include <stdio.h>
#include <math.h>
void main( )
{ int prime(int n);
  int n,yes,count=0;
  printf("100-1000 之间的素数有：\n");
  for(n=100;n<=1000;n++)
  { yes=prime(n);      /*调用 prime 函数*/
    if(yes)
    { printf("%d",n);
      count++;
    }
  }
  printf("一共有%d 个素数\n",count);
}
int prime(int n)
{ int i,a,yes;
  yes=1;
  i=2;
  a=(int)sqrt((double)n);
  while(i<=a)
  { if(n%i!=0)
      i++;
    else
    { yes=0;
      break;
    }
  }
  return (yes);
}
```

【3】有两个数组 a 和 b，各有 10 个元素，分别统计出两个数组中对应元素大于(a[i]>b[i])、等于(a[i]=b[i])、小于(a[i]<b[i])的次数。

参考答案：

```
#include <stdio.h>
#define N 10
void main( )
{ int comp(int m,int n);
  int i,a[N],b[N];
```

```
    int x=0,y=0,z=0;
    printf("请输入第一个数组：");
    for(i=0;i<N;i++)
        scanf("%d",&a[i]);
    printf("请输入第二个数组：");
    for(i=0;i<N;i++)
        scanf("%d",&b[i]);
    for(i=0;i<N;i++)
    {   if(comp(a[i],b[i])==1)   x++;
        if(comp(a[i],b[i])==0)   y++;
        if(comp(a[i],b[i])==-1)  z++;
    }
    printf("大于的次数为%d，等于的次数为%d，小于的次数为%d\n",x,y,z);
}
int comp(int m,int n)
{   int flag;
    if(m>n)   flag=1;
    if(m==n)  flag=0;
    if(m<n)   flag=-1;
    return (flag);
}
```

【4】编写一个函数，当输入整数 n 后，输出高度为 n 的等边三角形。当 n=4 时的等边三角形
如下。

```
   *
  ***
 *****
*******
```

参考答案：

```
#include <stdio.h>
void main( )
{   void trangle(int n);
    int n;
    printf("请输入一个整数值：");
    scanf("%d",&n);
    printf("\n");
    trangle(n);
}
void trangle(int n)
{   int i,j;
    for(i=0;i<n;i++)
    {   for(j=0;j<=n-i;j++)  putchar('');
        for(j=0;j<=2*i;j++)  putchar('*');
        putchar('\n');
    }
}
```

【5】编写一个函数，调用该函数，求 200（不包括 200）以内能被 2 或 5 整除，但不能同时被
2 和 5 整除的整数，结果存放在一个数组中。

参考答案：

```
#include <stdio.h>
#define SIZE 200
void main( )
```

```
{  int fun(int bb[ ]);
   int i,n,b[SIZE];
   n=fun(b);
   for(i=0;i<n;i++)
   {  if(i%10==0)  printf("\n");
      printf("%d",b[i]);
   }
   printf("\n");
}
int fun(int bb[ ])
{  int i,j;
   for(i=1,j=0;i<200;i++)
      if((i%3==0&&i%7!=0)||(i%3!=0&&i%7==0))
         bb[j++]=i;
   return (j);
}
```

【6】已知整型数组中的值都是在0~9的范围内，编写一个函数，统计每个整数出现的次数，并存放在另一个数组中。

参考答案：

```
#include <stdio.h>
#define M 30
#define N 10
void main()
{  void state(int x[ ],int y[]);
   int i,a[M],b[N];
   printf("请输入%d个整数: ",M);
   for(i=0;i<M;i++)
      scanf("%d",&a[i]);
   state(a,b);
   for(i=0;i<N;i++)
      printf("%d出现了%d次\n",i,b[i]);
}
void state(int x[ ],int y[])
{  int  i;
   for(i=0;i<N;i++)
      y[i]=0;
   for(i=0;i<M;i++)
      y[x[i]]++;
}
```

【7】编写一个函数，用来求出数组的最大元素在数组中的下标，并存放在变量k中。

参考答案：

```
#include <stdio.h>
void main( )
{  intmaxid(int s[ ],int n);
   int i,k,arr[10];
   printf("请输入10个整数: ");
   for(i=0;i<10;i++)
      scanf("%d",&arr[i]);
   k=maxid(arr,10);
   printf("最大元素的下标为%d\n",k);
   printf("最大元素为%d\n",arr[k]);
```

```
    }
    intmaxid(int s[ ],int n)
    {  int i,p;
       p=0;
       for(i=1;i<n;i++)
         if(s[i]>s[p])
             p=i;
       return (p);
    }
```

【8】定义一个 N×N 的二维数组，编写一个函数，该函数的功能是：将二维数组左下半三角的元素的值全部置为 0。

参考答案：

```
#include  <stdio.h>
#define N 5
void main()
{  void fun(int a[][N]);
    int  a[N][N],i,j;
     printf("请输入%d*%d 的二维数组：\n",N,N);
    for(i=0;i<N;i++)
       for(j=0;j<N;j++)
            scanf("%d",&a[i][j]);
    printf("\n");
    fun(a);
    printf("最终的二维数组为：\n");
    for(i=0;i<N;i++)
    {  for(j=0;j<N;j++)
          printf("%4d",a[i][j]);
       printf("\n");
    }
}
void fun(int a[][N])
{  int i,j;
    for(i=0;i<N;i++)
       for(j=0;j<=i;j++)
          a[i][j]=0;
}
```

【9】编写一个函数，该函数的功能是：把 ASCⅡ码为奇数的字符从字符串 str 中删除，结果仍然保存在字符串 str 中。例如，输入字符串"abcdefghi"，输出字符串"bdfh"。

参考答案：

```
#include <stdio.h>
#include <string.h>
#define N 40
void main( )
{  void proc(char str[ ],int n);
   int len;
   char str[N];
   printf("请输入一个字符串：\n");
   gets(str);
   len=strlen(str);
   proc(str,len);
   printf("最终的字符串是：");
```

```
    puts(str);
}
void proc(char str[ ],int n)
{   int i,j;
    j=0;
    for(i=0;i<n;i++)
       if(str[i]%2==0)
          str[j++]=str[i];
    str[j]='\0';
}
```

【10】输入 *N* 个学生的考试成绩，计算出平均分后，将低于平均分的成绩存放在一个数组中，输出低于平均分的人数和成绩。

参考答案：

```
#include <stdio.h>
#define N 10
void main( )
{   int below(floatx[],floaty[ ],int n);
    int i,n;
    float score[N],b[N];
    printf("请输入%d个学生成绩: ",N);
    for(i=0;i<N;i++)
       scanf("%f",&score[i]);
    n=below(score,b,N);
    printf("低于平均分的人数有%d个\n",n);
    printf("低于平均分的成绩有: \n");
    for(i=0;i<n;i++)
       printf("%5.1f",b[i]);
    printf("\n");
}
int below(floatx[],floaty[ ],int n)
{   int i,j;
    float sum=0,aver;
    for(i=0;i<n;i++)
       sum+=x[i];
    aver=sum/n;
    j=0;
    for(i=0;i<n;i++)
        if(x[i]<aver)
            y[j++]=x[i];
    return (j);
}
```

14.9　第9章　预处理命令

一、选择题

【1】A　　【2】D　　【3】C　　【4】C　　【5】B

【6】C　　【7】B　　【8】C　　【9】B　　【10】D

二、填空题

【1】宏定义　文件包含

【2】#

【3】条件编译

【4】#include

【5】.h .c

三、程序设计

【1】编写一个宏定义 SWAP，用以交换两个实型变量 a 和 b 的值。

参考答案：

```
#include <stdio.h>
#define SWAP(z,x,y) {z=x;x=y;y=z;}
void main( )
{   float a,b,t;
    printf("请输入两个实型数据：");
    scanf("%f,%f",&a,&b);
    SWAP(t,a,b)
    printf("a=%.2f,b=%.2f\n",a,b);
}
```

【2】编写宏定义 MAX 和 MIN，用以分别求两个整数中的大值和小值。

参考答案：

```
#include <stdio.h>
#define MAX(x,y) ((x)>(y)?(x):(y))
#define MIN(x,y) ((x)<(y)?(x):(y))
void main( )
{   int m,n,max,min;
    printf("请输入两个整数：");
    scanf("%d%d",&m,&n);
    max=MAX(m,n);
    min=MIN(m,n);
    printf("最大值为%d，最小值为%d\n",max,min);
}
```

14.10　第 10 章　指针

一、选择题

【1】D　　　【2】B　　　【3】B　　　【4】C　　　【5】D

【6】B　　　【7】B　　　【8】B　　　【9】B　　　【10】D

二、填空题

【1】3

【2】取内容　取地址

【3】比较

【4】int 型

【5】二级指针

【6】0

【7】*（p+3）

【8】地址地址

【9】A

【10】int *p=a;

三、判断题

【1】×　　　【2】×　　　【3】×　　　【4】√　　　【5】×

【6】√　　　【7】×　　　【8】√　　　【9】√　　　【10】√

四、阅读下面程序写出程序运行结果

【1】student

【2】20,9,9

【3】p!=q

　　*p==*q

【4】abcabc

五、程序设计

【1】

```
#include <stdio.h>
void main()
{
 void swap(int *p,int *q);
 int x,y,z;
 int *p1, *p2, *p3;
 printf("输入 3 个整数\n\n");
 scanf("%d%d%d",&x,&y,&z);
 p1=&x;
 p2=&y;
 p3=&z;
 if(x>y) swap(p1,p2);
 if(x>z) swap(p1,p3);
 if(y>z) swap(p2,p3);
 printf("\n\n3 个数由小到大输出为: %d %d %d\n\n",x,y,z);
}
void swap(int *p,int *q)
{
 int temp;
 temp=*p;
 *p=*q;
 *q=temp;
}
```

【2】

```
#include <stdio.h>
#include <string.h>
#define N 80
void main()
{
  void swap(char *p,char *q);
  char str1[N],str2[N],str3[N];
```

```
    printf("请输入三个字符串\n\n");
    scanf("%s",str1);
    scanf("%s",str2);
    scanf("%s",str3);
    if(strcmp(str1,str2)>0) swap(str1,str2);
    if(strcmp(str1,str3)>0) swap(str1,str3);
    if(strcmp(str2,str3)>0) swap(str2,str3);
    printf("\n\n三个字符串由小到大排列，分别为：\n\n%s\n%s\n%s\n",str1,str2,str3);
}
void swap(char *p,char *q)
{
    char str[N];
    strcpy(str,p);
    strcpy(p,q);
    strcpy(q,str);
}
```

【3】

```
#include <stdio.h>
#define N 10
#define M 3
void main()
{
    void move(int num[N],int n,int m);
    int num[N];
    int i;
    printf("输入%d个整数\n\n",N);
    for(i=0;i<N;i++)
    {
        scanf("%d",&num[i]);
    }
    move(num,N,M);
    printf("\n\n调整后的%d个整数为：\n\n",N);
    for(i=0;i<N;i++)
    {
        printf("%d ",num[i]);
    }
    printf("\n\n");
}
void swap(int *p,int *q)
{
    int temp;
    temp=*p;
    *p=*q;
    *q=temp;
}
void move(int num[N],int n,int m)
{
    int *p, *num_end;
    int temp;
    num_end=num+n;
    temp=*(num_end-1);
        for(p=num_end-1;p>=num;p--)
      *p=*(p-1);
```

```
  *num=temp;
  m--;
  if(m>0) move(num,n,m);
}
```

【4】

```
#include <stdio.h>
#define N 8
void main()
{
  void leave(int num[N]);
  int num[N];
  int i, *p;
  p=num;
  for(i=0;i<N;i++)
   *(p+i)=i+1;
  leave(num);
  while(*p==0) p++;
  printf("最后留下的是第%d个人\n\n",*p);
}
void leave(int num[N])
{
  int *p;
  int i=0,k=0,m=0;
  p=num;
  while(m<N-1)
  {
    if(*(p+i)!=0)  k++;
    if(k==3)
    {
      *(p+i)=0;
      k=0;
      m++;
    }
    i++;
    if(i==N)  i=0;
  }
}
```

【5】

```
#include <stdio.h>
#define N 10
void main()
{
  int count(char str[N]);
  int i;
  char str[N];
  printf("输入一个字符串\n\n");
  gets(str);
  printf("\n\n字符串长度为：%d\n\n",count(str));
}
int count(char str[N])
{
  char *p;
  int i=0;
```

```
   p=str;
   while(*p!='\0')
   {
     i++;
     p++;
   }
   return(i);
}
```

【6】

```
#include <stdio.h>
#define N 80
#define M 4
void main()
{
  void copy(char str1[N],char str2[N]);
  char str1[N],str2[N];
  printf("输入字符串 str1\n\n");
  gets(str1);
  printf("\n\n 输入字符串 str2\n\n");
  gets(str2);
  copy(str1,str2);
  printf("\n\n 整合之后的字符串为：\n\n");
  puts(str1);
}
void copy(char str1[N],char str2[N])
{
  char *p1, *p2;
  int i;
  p1=str1;
  p2=str2;
  for(i=0;i<strlen(str2);i++)
    *(p1+M+i)= *(p2+i);
  *(p1+M+i)='\0';
}
```

【7】

```
#include <stdio.h>
#define N 80
void main()
{
  void count(char str[N],int *cap,int *low,int *space,int *num,int *oth);
  char str[N];
  int a=0,b=0,c=0,d=0,e=0;
  int *cap, *low, *space, *num, *oth;
  cap=&a;
  low=&b;
  space=&c;
  num=&d;
  oth=&e;
  printf("输入一个字符串\n\n");
  gets(str);
  count(str,cap,low,space,num,oth);
```

```
    printf("\n\n 大写字母个数为:%d\n\n 小写字母个数为:%d\n\n 空格个数位:%d\n\n 数字个数为:%d\n\n
其他字符个数为: %d\n\n",*cap, *low, *space, *num, *oth);
  }
  void count(char str[N],int *cap,int *low,int *space,int *num,int *oth)
  {
    int i;
    for(i=0;str[i]!='\0';i++)
    {
     if(str[i]>='A'&&str[i]<='Z') (*cap)++;
     else if(str[i]>='a'&&str[i]<='z') (*low)++;
     else if(str[i]==' ') (*space)++;
     else if(str[i]>='0'&&str[i]<='9') (*num)++;
     else (*oth)++;
    }
  }
```

【8】

```
#include <stdio.h>
#define N 20
void main()
{
  void swap(int *p,int *q);
  void back(int *p,int n);
  int a[N],i,n;
  printf("输入个数 n\n\n");
  scanf("%d",&n);
  printf("\n\n 输入%d 个整数\n\n",n);
  for(i=0;i<n;i++)
    scanf("%d",&a[i]);
  back(a,n);
  printf("\n\n 逆序排列为: \n\n");
  for(i=0;i<n;i++)
    printf("%d ",a[i]);
  printf("\n\n");
}
void swap(int *p,int *q)
{
  int temp;
  temp=*p;
  *p=*q;
  *q=temp;
}
void back(int *p,int n)
{
  int i;
  for(i=0;i<n/2;i++)
  {
    swap(p+i,p+n-1-i);
  }
}
```

14.11 第 11 章 结构体与共同体

一、选择题

【1】B 【2】A 【3】A 【4】B 【5】B

【6】C 【7】A 【8】B 【9】B 【10】B

二、判断题

【1】× 【2】√ 【3】√ 【4】× 【5】√

【6】√ 【7】√ 【8】× 【9】√ 【10】×

三、填空题

【1】成员、指向成员

【2】p->a

【3】结构体

【4】struct node *

【5】p=(struct aa *) malloc (sizeof (struct aa));

【6】28

【7】s.birth.year=1984; s.birth.month=11; s.birth.day=12;

【8】51

四、编程题

【1】用结构体类型编写程序。输入一个学生的学号、数学期中和期末成绩，然后计算并输出平均成绩。

```
#include <stdio.h>
struct student
{
int num;
int midscore;
int finalscore;
float ave;
}stud1;
void main()
{
  printf("please input the num,midterm score,final score\n");
  scanf("%d%d%d",&stud1.num,&stud1.midscore,&stud1.finalscore);
  stud1.ave=(stud1.midscore+stud1.finalscore)/2.0;
  printf("The average score is %5.2f\n",stud1.ave);
}
```

运行情况如图 14-7 所示。

图 14-7 编程【1】运行结果

【2】定义一个结构体变量（包括年、月、日）。计算该日在本年中是第几天？注意闰年问题。写一个函数 days，实现上题的计算。由主函数将年、月、日传递给 days 函数，计算后将天数传给主函数返回。

```c
#include <stdio.h>
struct y_m_d
{
    int year;
    int month;
    int day;
}date;
int days(int year,int month,int day);
void main()
{
    int day_sum;
    printf("input year,month,day\n");
    scanf("%d%d%d",&date.year,&date.month,&date.day);
    day_sum=days(date.year,date.month,date.day);
    printf("%d/%d is %dth day in %d.\n",date.month,date.day,day_sum,date.year);
}
int days(int year,int month,int day)
{
    int day_sum=0,i;
    int day_tab[13]={0,31,28,31,30,31,30,31,31,30,31,30,31};
    for (i=1;i<month;i++)
        day_sum=day_sum+day_tab[i];
    day_sum=day_sum+day;
    if ((year%4==0 && year%100!=0 ||year%400==0) &&month>=3)
        day_sum+=1;
    return(day_sum);
}
```

运行情况如图 14-8 所示。

图 14-8　编程【2】运行结果

【3】使用结构体数据类型试编一个同学间的通讯录程序，结构体变量的成员有学号（number）、姓名（name）、电话（telephone）、地址（address）。使用 malloc 函数开辟新结点，从键盘上输入结点中的所有数据，然后依次把这些结点的数据显示在屏幕上。

```c
#include <stdio.h>
#include <stdlib.h>
#include <string.h>
#define N 3
struct node
    {
        long int number;
        char name[9];
        char telephone[20];
        char address[20];
        struct node *next;
    };
void main()
```

```
{
    struct node *head, *p;
    int i;
    head=NULL;
    for (i=0;i<N;i++)
    {
        p=(struct node *)malloc(sizeof(struct node));
        printf("input number:");
        scanf("%ld",&p->number);
        printf("input name:");
        scanf("%s",p->name);
        printf("input telephone:");
        scanf("%s",p->telephone);
        printf("input address:");
        scanf("%s",p->address);
        p->next=head;
        head=p;
    }
    printf("\n");
    p=head;
    printf("number\tname\t telephone\taddress\n");
    while (p!=NULL)
    {
        printf("%ld\t%s\t%s\t%s\n",p->number,p->name,p->telephone,p->address);
        p=p->next;
    }
}
```

运行结果如图 14-9 所示。

图 14-9　编程【3】运行结果

【4】有 10 个学生，每个学生的数据包括学号（num）、姓名（name）、3 门课程成绩(score[3])。从键盘输入 10 个学生数据，要求输出 3 门课程总平均成绩，以及最高分学生的数据（包括学号、姓名、3 门课成绩、平均分数）。

```
#include <stdio.h>
#define N 3
struct student
{
    char num[8];
    char name[8];
    float score[3];
```

163

```
        float ave;
    }stu[N];
    void main()
    {
        int i,j,maxi;
        float sum,max,average;
        for (i=0;i<N;i++)
        {
            printf("input data of student %d:\n",i+1);
            printf("no:");
            scanf("%s",stu[i].num);
            printf("name:");
            scanf("%s",stu[i].name);
            for (j=0;j<3;j++)
            {    printf("score %d:",j+1);
                scanf("%f",&stu[i].score[j]);
            }
        }
        average=0;
        max=0;maxi=0;
        for (i=0;i<N;i++)
        {
            sum=0;
            for (j=0;j<3;j++)
                sum=sum+stu[i].score[j];
            stu[i].ave=sum/3;
            average+=stu[i].ave;
            if (sum>max)
            {
                max=sum;
                maxi=i;
            }
        }
        average/=N;
        printf("No\tname\tscore1\tscore2\tscore\n");
        for (i=0;i<N;i++)
        {
            printf("%s\t%s\t",stu[i].num,stu[i].name);
            for (j=0;j<3;j++)
                printf("%-9.2f",stu[i].score[j]);
            printf("\n");
        }
        printf("average=%5.2f\n",average);
        printf("The highest score is : %s, %s.\n",stu[maxi].num,stu[maxi].name);
        printf("His score are:%6.2f,%6.2f,%6.2f\n",
            stu[maxi].score[0],stu[maxi].score[1],stu[maxi].score[2]);
    }
```

运行结果略。

【5】试编写程序，将一个链表反转排列，即将链头当链尾，链尾当链头。

```
#include <stdio.h>
#include <malloc.h>
struct stu
{
    int num;
```

```
        struct stu *next;
};
void main()
{
    int len=1,i;
    struct stu *p1, *p2, *head, *newh, *newhead;
    p1=p2=head=(struct stu*)malloc(sizeof(struct stu));
    printf("input number(0:list end):");
    scanf("%d",&p1->num);
    while (p1->num!=0)
    {   p1=(struct stu*)malloc(sizeof(struct stu));
        printf("input number(0:list end):");
        scanf("%d",&p1->num);
        if (p1->num==0)
            p2->next=NULL;
        else
        {
            p2->next=p1;
            p2=p1;
            len++;
        }
    }
    p1=head;
    printf("\noriginal list:\n");
    do
    {
        printf("%4d", p1->num);
        p1=p1->next;
    }while (p1->next!=NULL);
    printf("%4d\n",p1->num);
    for (i=0;i<len;i++)
    {
        p2=p1=head;
        while(p1->next!=NULL)
        {
            p2=p1;
            p1=p1->next;
        }
        if(i==0)
            newhead=newh=p1;
        else
            newh=newh->next=p1;
        p2->next=NULL;
    }
    printf("\nnew list:\n");
    p1=newhead;
    for(i=0;i<len;i++)
    {
        printf("%4d",p1->num);
        p1=p1->next;
    }
    printf("\n");
}
```

运行结果如图 14-10 所示。

图 14-10　编程【5】运行结果

【6】已有 a、b 两个链表，每个链表中的结点包括学号、成绩。要求将两个链表合并，按学号升序排列。

```c
#include <stdio.h>
#include <malloc.h>
#define LEN sizeof(struct student)
struct student
{
    long num;
    int score;
    struct student *next;
};
struct student lista,listb;
int n,sum=0;
struct student *creat(void);
struct student *insert(struct student *ah,struct student *bh);
void print(struct student *head);
void main()
{
    struct student *ahead, *bhead, *abh;
    printf("input list a:\n");
    ahead=creat();
    sum=sum+n;
    printf("input list b:\n");
    bhead=creat();
    sum=sum+n;
    abh=insert(ahead,bhead);
    print(abh);
}
struct student *creat(void)
{
    struct student *p1, *p2, *head;
    n=0;
    p1=p2=(struct student *)malloc(LEN);
    printf("input number && scores of student:\n");
    printf("if number is 0,stop inputing\n");
    scanf("%ld%d",&p1->num,&p1->score);
    head=NULL;
    while (p1->num!=0)
    {
```

```
        n++;
        if(n==1)
            head=p1;
        else
            p2->next=p1;
        p2=p1;
        p1=(struct student *)malloc(LEN);
        scanf("%ld%ld",&p1->num,&p1->score);
    }
    p2->next=NULL;
    return head;
}
struct student *insert(struct student *ah,struct student *bh)
{
    struct student *pa1, *pa2, *pb1, *pb2;
    pa2=pa1=ah;
    pb2=pb1=bh;
    do
    {
        while((pb1->num>pa1->num)&&(pa1->next!=NULL))
        {
            pa2=pa1;
            pa1=pa1->next ;
        }
        if (pb1->num<=pa1->num)
        { if(ah==pa1)
            ah=pb1;
          else
            pa2->next =pb1;
          pb1=pb1->next;
          pb2->next =pa1;
          pa2=pb2;
          pb2=pb1;
        }
    }while((pa1->next !=NULL)||(pa1==NULL && pb1!=NULL));
    if ((pb1!=NULL)&& (pb1->num >pa1->num)&&(pa1->next ==NULL))
        pa1->next =pb1;
    return ah;
}
void print(struct student *head)
{
    struct student *p;
    printf("\nThere are %d records\n",sum);
    p=head;
    if (p!=NULL)
        do
        {
            printf("%ld %d\n",p->num ,p->score );
            p=p->next ;
        }while(p!=NULL);
}
```

运行结果如图 14-11 所示。

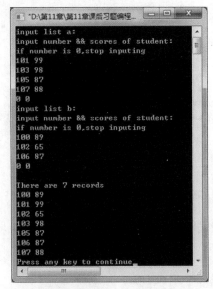

图 14-11　编程【6】运行结果

【7】已有 a、b 两个链表，设结点中包含学号、姓名。从 a 链表中删除与 b 链表中有相同学号的那些结点。

```c
#include <stdio.h>
#include <string.h>
#define LA 4
#define LB 5
struct student
{
    int num;
    char name[8];
    struct student *next;
}a[LA],b[LB];
void main()
{
    struct student a[LA]={{101,"Wang"},{102,"Li"},{105,"Zhang"},{106,"Wei"}};
    struct student b[LB]={{103,"Sun"},{104,"Ma"},{105,"Zhang"},{107,"Guo"}, {108,
"Liu"}};
    int i;
    struct student *p, *p1, *p2, *head1, *head2;
    head1=a;
    head2=b;
    printf("list A:\n");
    for(p1=head1,i=1;i<=LA;i++)
    {
        if (i<LA) p1->next=a+i;
        else p1->next=NULL;
        printf("%4d%8s\n",p1->num,p1->name);
        if(i<LA) p1=p1->next;
    }
    printf("\nlist B:\n");
    for(p2=head2,i=1;i<=LB;i++)
    {
        if (i<LB) p2->next=b+i;
```

```
        else p2->next=NULL;
        printf("%4d%8s\n",p2->num,p2->name);
        if(i<LB)p2=p2->next;
    }
    p1=head1;
    while (p1!=NULL)
    {
        p2=head2;
        while ((p1->num!=p2->num)&&(p2->next!=NULL))
            p2=p2->next;
        if(p1->num==p2->num)
            if(p1==head1)
                head1=p1->next;
            else
            {
                p->next=p1->next;
                p1=p1->next;
            }
        else
            {p=p1;p1=p1->next;}

    }
    printf("\nresult:\n");
    p1=head1;
    while (p1!=NULL)
    {
        printf("%4d%8s\n",p1->num,p1->name);
        p1=p1->next;
    }

}
```

运行结果如图 14-12 所示。

图 14-12　编程【7】运行结果

14.12　第 12 章　文件

一、选择题

【1】B　　　　【2】A　　　【3】C　　　【4】C　　　【5】C

【6】C 　　　　【7】B 　　　　【8】C 　　　　【9】A 　　　　【10】D

二、判断题

【1】× 　　　　【2】× 　　　　【3】× 　　　　【4】√ 　　　　【5】×

【6】√ 　　　　【7】× 　　　　【8】√ 　　　　【9】√ 　　　　【10】√

三、编程题

【1】将磁盘上一个文本文件的内容复制到另一个文件中。

```c
#include <stdio.h>
#include <stdlib.h>
void main()
{
    char ch;
    FILE *fp1;
    FILE *fp2;
    if((fp1=fopen("1.txt","r"))==NULL)
    {
        printf("The file1.txt can not open!");
        exit(0);
    }
    if((fp2=fopen("2.txt","w"))==NULL)
    {
        printf("The file 2.txt can not open!");
        exit(0);
    }
    ch=fgetc(fp1);
    while(!feof(fp1))
    {
        fputc(ch,fp2);
        ch=fgetc(fp1);
    }
    fclose(fp1);
    fclose(fp2);
}
```

【2】从键盘输入一行字符串，将其中的小写字母全部转换成大写字母，输出到磁盘文件 "string.dat" 中保存，读文件并输出到屏幕。

```c
#include <stdio.h>
#include <stdlib.h>
void main( )
{
    FILE *fp;
    char str[100];
    int i;
    if((fp=fopen("string.dat","w"))==NULL)
    {
        printf("Cannot open the file.\n");
        exit(0);
    }
    printf("Input a string: ");
    gets(str);                      /*读入一行字符串*/
    for(i=0;str[i]&&i<100;i++)      /*处理该行中的每一个字符*/
    {
```

```
        if(str[i]>='a'&&str[i]<='z')    /*若是小写字母*/
            str[i]-='a'-'A';             /*将小写字母转换为大写字母*/
        fputc(str[i],fp);                /*将转换后的字符写入文件*/
    }
    fclose(fp);                          /*关闭文件*/
    fp=fopen("test","r");                /*以读方式打开文本文件*/
    fgets(str,100,fp);                   /*从文件中读入一行字符串*/
    printf("%s\n",str);
    fclose(fp);
}
```

【3】设有一文件 score.dat 存放了 30 个人的成绩（英语、计算机、数学），存放格式为：每人一行，成绩间由逗号分隔。计算 3 门课平均成绩，统计个人平均成绩大于或等于 90 分的学生人数。

```
#include <stdio.h>
voidmain()
{
    FILE *fp;
    int num=0;
    float x,y,z;
    fp=fopen ("score.dat","r");
    while(!feof(fp))
    {
      fscanf (fp,"%f,%f,%f",&x,&y,&z);
       if((x+y+z)/3>=90)
         num++;
    }
    printf("分数高于 90 的人数为：%.2d",num);
    fclose(fp);
}
```

【4】设有一个磁盘文件，将它的内容显示在屏幕上，并把它复制到另一文件上。

```
#include<stdio.h>
void main()
{
    FILE *fp1, *fp2;
    fp1=fopen("file1.txt","r");
    fp2=fopen("file2.txt","w");
    while(!feof(fp1)) putchar(getc(fp1));
    rewind(fp1);   /*重新定位文件内部位置指针*/
    while(!feof(fp1))
    putc(getc(fp1),fp2);
    printf("\n");
    fclose(fp1);fclose(fp2);
}
```

[1] 谭浩强. C语言程序设计题解与上机指导. 北京：清华大学出版社，2006.

[2] 李丽娟. C语言程序设计教程实验指导与习题解答. 北京：人民邮电出版社，2012.

[3] 傅龙天，王昕昕. 程序设计基础实训教程（C语言版）. 北京：清华大学出版社，2012.

[4] 吴艳平，徐海燕，于艳华. C语言程序设计与项目培训. 北京：清华大学出版社，2013.

[5] 全国计算机等级考试命题研究中心. 全国计算机等级考试真题汇编与专用题库. 北京：人民邮电出版社，2014.

[6] 谭浩强. C程序设计（第三版）. 北京：清华大学出版社，2005.

[7] 明日科技. C语言项目案例分析. 北京：清华大学出版社，2012.

[8] 张岗亭，等. C语言程序设计教程. 北京：人民邮电出版社，2013.

[9] 谭雪松，等. C语言程序设计. 北京：人民邮电出版社，2011.

[10] 郭运宏，等. C语言程序设计项目教程. 北京：清华大学出版社，2012.

[11] 李丽娟. C语言程序设计教程. 北京：人民邮电出版社，2013.

[12] 明日科技. C语言函数参考手册. 北京：清华大学出版社，2012.

[13] 张曙光，等. C语言程序设计. 北京：人民邮电出版社，2014.

[14] 明日科技. C语言经典编程282例. 北京：清华大学出版社，2012.

[15] 郑泳，王科. C语言程序设计与项目开发. 北京：清华大学出版社，2011.

[16] 吴启武. C语言课程设计案例精编（第二版）. 北京：清华大学出版社，2011.

[17] 欧阳. 全国计算机等级考试（2009年版）. 成都：电子科技大学出版社，2009.

[18] 百度词条

[19] http://see.xidian.edu.cn/cpp/u/hs5/